残疾人安全防护实用手册

日常生活篇

中国残疾人联合会◎编著

华夏出版社
HUAXIA PUBLISHING HOUSE

图书在版编目（CIP）数据

残疾人安全防护实用手册.日常生活篇 / 中国残疾人联合会编著. -- 北京：华夏出版社有限公司，2022.9

ISBN 978-7-5080-7592-1

Ⅰ.①残… Ⅱ.①中… Ⅲ.①残疾人—安全防护—手册

Ⅳ.① X956-62

中国版本图书馆 CIP 数据核字（2022）第 055543 号

残疾人安全防护实用手册

编 著 者	中国残疾人联合会
责任编辑	霍木科
责任编辑	刘 洋
封面设计	李媛格

出版发行	华夏出版社有限公司
经 销	新华书店
印 装	三河市万龙印装有限公司
版 次	2022 年 9 月北京第 1 版 2022 年 9 月北京第 1 次印刷
开 本	880×1230 1/32 开
印 张	5.25
字 数	115 千字
定 价	39.00 元

华夏出版社有限公司 社址：北京市东直门外香河园北里 4 号
邮编：100028 网址：www.hxph.com.cn
电话：010-64663331（转）
投稿合作：010-64672903；hbk801@163.com

若发现本版图书有印装质量问题，请与我社营销中心联系调换。

参编单位及编写人员

日常生活篇

参编单位

  中国残联研究室

  中国残联残疾人事业发展研究中心

  残疾人事业发展研究会

  广州市同行社会服务发展中心

  成都信息工程大学

编写人员（按姓氏笔画排序）

  厉才茂　冯善伟　李　耘　杨明宇　张梦欣

  陈振弘　施　雅　宾丽平　梁雪玲

地震篇

参编单位

      中国残联研究室

      中国残联残疾人事业发展研究中心

      残疾人事业发展研究会

      成都信息工程大学（受委托起草单位）

      绵竹青红社工服务中心

      中国社会科学院大学

      成都培力社会工作服务中心

      成都煜峰社会公益服务中心

      北京市晓更助残基金会（受委托起草单位）

      广州市同行社会服务发展中心

编写人员（按姓氏笔画排序）

      马　威　邓　进　厉才茂　冯善伟　刘沛洁

      李月珂　李　耘　张梦欣　陈　锋　陈　涛

前　言

　　残疾人是社会大家庭的平等成员，拥有参与社会生活的能力，渴望通过自身的努力改变生活。《残疾人安全防护实用手册·日常生活篇》是我们为残疾人及其家属、亲友和残疾人工作者撰写的一本实用工具书。

　　本手册的撰写基于相信残疾人通过学习和训练能够掌握日常安全防护技能；基于理解残疾人需要自主应对及寻求外界帮助来应对日常生活中的安全问题；基于尊重残疾人与老年人、儿童、孕妇一样，享有被帮扶和保护的权利，也可以为社会做出贡献。

　　本手册以保护残疾人生命安全和身体健康为前提，以尊重残疾人平等权利为视角，以提升残疾人生活质量为目标，以完善支持保障系统为愿景。在《残疾人保障法》《残疾人权利公约》等指引下，我们通过搜集、整合各类特殊人群的日常安全防护资料，了解、接触、访谈及观察上百位不同类型、不同级别残疾人的日常生活状况，结合撰写团队近十年开展残疾人服务的经验，尽可能全面地对残疾人居家、外出、极端天气和一些特殊情况下的风险应对提出指导建议。

在内容上，本手册根据不同场景，首先呈现一般安全防护措施，然后分残疾类别提供特殊防护措施建议，描述了在不同场景中、不同残疾人所面临的安全防护问题以及可行解决方案。因现实生活环境的复杂化、城乡差异、南北差异、不同类型残疾人的个别化差异，手册具有局限性，希望读者能在手册的指导和启发下，举一反三、因地制宜地学习掌握方法技巧，有效应对日常生活中的安全问题和隐患。

目　录

① 残疾人日常安全概述

日常生活围绕着衣、食、住、行、医展开。我们都知道，日常生活中存在一些威胁生命安全、妨碍身体健康、破坏财物安全的风险，因为残疾导致不同程度的失能会加剧应对风险的困难。因此，残疾人需要提高日常自我安全防护能力，针对居家、外出、极端天气等不同场景，学习掌握防护知识与技巧，用力所能及的方式更好地保护自己、保护家庭，减少和避免受到伤害。而这要从认识风险、澄清不同类型残疾人所面临的挑战开始，从确立日常安全防护原则入手。

1.1 认识不同场景中的安全风险

受残疾的影响，残疾人的行动、沟通、自我防护等能力受限，在居家、外出、极端天气及其他情境中均可能遇到不同的安全风险。

首先，在居家场景中，常会需要使用水、电、气、暖、药物及利器等，可能遇到不同的安全问题；在家中活动、移动时，可能会发生磕碰、跌倒等情况。这些都需要学习应对。

其次，在外出场景中，常会需要通过公共道路、乘坐公共交通工具、途经公共交通场站及进出其他场所，还可能遭遇迷路、意外遇险、与人发生冲突等紧急情况，过程中存在较多安全风险，需要防范和注意。

再次，在遇到极端天气如风、雨、雷、电、酷暑、暴雪等时，则需要学会如何有效应对或求助。

最后，残疾人还可能在校园、职场、社会及家庭中遭遇校园欺凌、就业场所风险、性侵、诈骗或家庭暴力等情境，在这样的情境中如何保护自己的生命财产安全也是值得学习的。

1.2 认识各类型残疾人面临的安全风险

不同类型的残疾人失能的情况和程度不同，在应对同一或不同安全风险时存在的困难也不同。

对于听力残疾人来说，由于听不见、听不清，在面对安全风险时，难以通过听觉判断风险的来源、位置和远近，也难以获得他人或物体发出的声音提示和信息，进而无法及时采取措施应对或规避风险。比如，听力残疾人在居家场景中难以听到沸水溢出的声音，直至沸水浇灭炉火导致煤气泄漏时才闻到味道；在外出场景中难以听到汽车喇叭、单车铃铛等声音，等到看见汽车、单车的时候已经来不及做出反应了。

对于视力残疾人来说，由于看不见、看不清，在面对安全风险时，难以通过视觉直观地发现风险的来源、位置、危险程度和发展情况，也难以直接采取行动应对或规避风险。比如，视力残疾人在居家场景中靠触觉无法处理灶火或热水的危险，在外出场景中靠听觉无法规避障碍物带来的风险。

对于言语残疾人来说，由于说不出、说不清，虽然可以运用听觉、视觉发现风险，但当自身无法应对时，难以通过呼救向他人求助，不能表达自己的感受。比如，言语残疾人在居家场景中身体突然不适，无法口头告知家人或呼救，只能用手势和动作来表达；在外出场景中遇到危险，无法通过语言与他人交流而延误时机。

对于肢体残疾人来说，由于肢体不同程度的缺失而行动上做不到、做不全。肢体残疾人虽然可以运用听觉、视觉发现安全风险，但自身的应对能力较弱，可能需要借助辅具或他人的帮助。比如，肢体残疾人在居家场景中可能无法站立洗漱，需要坐在沐浴椅上方可安全地洗澡；在外出场景中可能难以平稳、安全地行走，需要使用轮椅，由家人推行方可外出。

对于智力残疾人来说，由于智力水平差异而不会做、不能做，表现为学习运动、生活自理、社会适应等方面的能力较弱。智力残疾人虽然听觉、视觉、行动能力比较健全，但对安全风险的认知、识别、应对能力较弱，无法判断某个事物或事件是否危险，也不知道如何应对。比如，智力残疾人在居家场景中可能无法判断花洒出水的温度，直至被热水淋湿感到疼痛后才知道躲避；在外出场景中可能不清楚"红灯停，绿灯行"的行人规则，直接穿过正有车辆通行的马路。

对于精神残疾人来说，由于认知、情感和行为存在障碍而难以自控，日常生活中需要不同程度的照顾和监护，在接受正规和专业的医疗支持、科学的药物管理后，才能够跟他人一样识别和应对安全风险。比如，精神残疾人在疾病发作或精神失常的情况下，居家场景中可能出现无法自理、自伤或伤人，外出场景中可能不愿意遵守社会规范、与他人发生冲突。

1.3 日常安全防护原则

针对残疾人的日常安全防护，本手册提出以下四条重要的目标指导原则：

第一，"保护生命"原则。落实残疾人的日常安全防护，提升残疾人自我安全防护的行为能力，最根本的目的在于保护残疾人的生命安全。同时，残疾人也应该形成同样的意识，将自己的生命安全放在首位，在面对日常安全风险时注重保护自己。

第二，"生活质量"原则。在保证生命安全的前提下，落实残疾人日常安全防护的另一重要目标在于提升残疾人的生活质量，促使残疾人在安全的生活环境中不断追求更高的生活质量，获得更多的社会福祉。

第三，"自主应对"原则。残疾人日常安全防护过程中要"以我为主"，着重提升残疾人的自我应对和决断能力。当残疾人能够采取有效措施自主应对安全风险时，家属/亲友及外界应尊重并保障残疾人自主应对的权利。

"有效防护"原则。应对日常安全风险的防护措施必须是有效的、能够保护生命健康及财产安全的。在保证有效的前提下，还可根据不同的时间、空间等客观条件和因素，因地制宜、因人而异地采取多样化的措施。

2

残疾人居家安全防护要点

本章关注残疾人居家安全防护的要点，结合具体情境进行防护要点分析，并给予适当的建议。

2.1 用水安全

自来水已普及千家万户，用水安全关乎每个人的身体健康，值得重视。一方面，少数地区或村落还在使用井水、溪水等非集中式供应的水源，使用时可能存在某些卫生问题；另一方面，残疾人在使用热水洗漱或煮沸饮用时，也有需要注意的方面。

2.1.1 使用非集中式供应的水源

日常使用的自来水经自来水厂处理，通常是无色透明、无异物、无异味臭味的。在使用井水、溪水等水源时，可参考自来水的标准判断其是否卫生。

首先应观察颜色，如果发现颜色发黄、水质浑浊或水里有泥沙等异物，切忌继续使用。其次应嗅闻气味，如果发现有异味、臭味，也应该停止使用。

2.1.2 使用热水洗漱或煮沸饮用

在使用热水洗漱时，需要注意热水的温度，防止烫伤。可以先拧开冷水开关再拧开热水开关，或先接一盆冷水再兑入热水，待水温达到30℃左右再使用；当用手背触摸感受水温稍热，但用手臂触摸感受水温刚好时即可。

无论是自来水还是非集中式供应的水源，都必须煮沸后才能饮用。在煮水时，需要注意防止水溢出或烧干。接水时，切忌将水加满容器，加到容器的三分之二处即可；煮水时，最好不要离开现场，看到水沸腾或听到煮沸的声音后就要马上关炉子，避免水持续沸腾。

2.1.3 注意水电叠加带来触电风险

在使用电器时，切忌湿手摸开关或使用电器。电器及排插应远离水源或易溅水处，避免水溅湿电器引发漏电、触电。

特别注意

听力残疾人　由于难以听到水煮沸的声音，建议煮水时保持在视线范围内，或请家属／亲友协助留意，看到水沸腾就马上关炉子。也可使用具有自动断电功能的电热水壶。

视力残疾人　由于难以看到水是否已加满容器，应由家属／亲友负责加水和煮水，或以碗为单位向残疾人说明加水量。同时，可使用煮沸后会发出鸣笛声的烧水壶，以便及时获知水已煮沸。

此外，为避免倒水时被烫伤或倒洒，在倒水时可一手拿起杯子，把杯子抵在水壶口旁边，另一只手倒水，并留意听杯子的声音，掂量杯子的重量。

　　肢体残疾人　若下肢力量不足或行动不便，建议洗漱时使用沐浴椅，尽量坐着洗漱；若上肢力量不足或行动不便，建议由家人协助洗漱、负责煮水。

　　心智障碍者　由于难以判断和控制水的温度，建议由家属／亲友提前调试好水温，或直接协助洗漱。煮水时也建议由家属／亲友负责，但可以尝试教导其如何倒水喝。

2.2 用电安全

　　在电器使用前、使用时及使用后，均有需要注意和做好防护的地方。

2.2.1 使用电器前

　　在购买电器时，应该尽量选择知名品牌和有质保的产品，且尽量在大商场购买，避免买到假冒伪劣产品。

　　在使用不熟悉的电器前，应该认真查看电器的使用说明书，或由家属／亲友查看后指导、协助使用。插上电器的插头或打开开关前，一定要擦干双手，不可以用湿手去操作，也不可以用湿布擦拭通电状态下的电器。

2.2.2 使用电器时

根据使用说明书一步步操作电器，如果不知道如何进行下一步操作，或电器出现任何故障，应该停止使用并向家属/亲友或邻居求助。

2.2.3 使用电器后

记得关掉电器并拔掉电源插头。千万不要用湿手摸开关或拔插头，应该用干燥的手关闭开关，并注意握住插头的塑料部分拔出，不能抓着电线使劲拔。

在为手机、电动车、电动轮椅等常用电器、辅助器具充电时，应使用原厂配备的充电器，并放在便于观察的地方充电；连续充电时间不应超过 12 小时，以防过度充电导致短路，引起火灾。

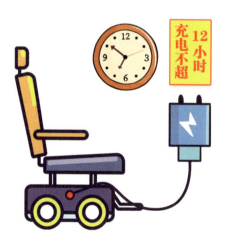

特别注意

视力残疾人 由于难以看到电器的开关、插头、插座位置，容易发生触电的危险，建议将常用电器的插座面板换成带有独立开关、使用时不需要反复插拔插头的面板；或者购买防触电的插座保护盖，平时盖在插座上，使用时摸到插座位置后再把保护盖拨开。

肢体残疾人 由于多数电器、开关需要用手操作，若上肢力量不足或行动不便，建议由家属/亲友协助打开或关闭。

心智障碍者 由于未必能够掌握正确的电器使用方法，可能无法正确操作，建议由家属/亲友协助、指导，避免其独自使用。

2.3 用气安全

人们最常使用的燃气器具包括燃气灶和燃气热水器，由于燃气具有易燃易爆易中毒的特点，所以在使用燃气时要特别注意安全，预防火灾和燃气中毒。

2.3.1 使用燃气灶

避免独自使用燃气灶，尽量由家属／亲友使用，或在家属／亲友的帮助下使用。

使用时要注意调节火焰的大小，让火焰呈现蓝色锥形，且稳定燃烧。不要远离厨房，防止厨具里的水或汤汁溢出浇灭火焰，造成燃气泄漏。

为避免锅、燃气灶着火引发火灾，可在燃气灶附近放置灭火宝。灭火宝在接触到火焰后会自动灭火，也可将其扔入火焰中灭火。

使用完燃气灶后，一定要关掉开关，在观察到火焰熄灭或听不到燃烧的声音后才离开厨房。

2.3.2 使用燃气热水器

燃气热水器最好安装在浴室外，如果安装在浴室内，应避免长时间洗澡并做好通风，以免发生燃气中毒。

在使用热水器前，最好让家属／亲友协助设置好水温，并顺便检查热水器能否正常使用。

当观察到热水器火焰发黄、冒烟、没有进水火焰"空烧"，或闻到热水器传出刺激性气味时，要立即停止使用并关掉燃气阀门，请专业人员维修和检查。

无论是使用燃气灶还是燃气热水器，如果使用过程中在现场闻到刺激性气味，或感到头晕、胸闷、心慌等，都可能是燃气发生泄漏所致；千万不要打开排气扇或其他电器开关，应该立即停止使用并关掉燃气阀门，在打开门窗通风后马上远离现场，以防燃气中毒。

特别注意

听力残疾人　由于难以听到厨具里的水或汤汁煮沸的声音，建议在使用燃气灶煮食时站在炉灶旁边等待，或请家属/亲友协助留意，看到水或汤汁沸腾时就马上关炉子或调小火焰。

视力残疾人　由于难以观察到火焰的大小、燃烧情况及食物烹煮的情况，建议由家属/亲友负责下厨和使用燃气灶；此外，在使用燃气热水器前，建议由家属/亲友协助调试好水温，顺便检查燃气是否正常燃烧、热水器是否可以正常使用。

言语残疾人　由于在发现燃气灶或热水器出现异常后难以向家人求助，建议在厨房、浴室安装紧急按铃。

肢体残疾人　由于煮食需要用手完成，应根据上肢的力量、活动能力来判断自己能否使用燃气灶完成煮食，切记在使用过程中出现火焰被浇灭或其他意外情况时马上关闭燃气灶。

心智障碍者　由于使用燃气灶煮食需要具备较高的生活自理能力，建议家属/亲友根据残疾人的心智障碍程度判断是否让其使用燃气灶；若让其使用，家属/亲友应在旁边协助。

2.4 用暖安全

生活中最常见的用暖方式包括使用暖气和电暖器，不同的用暖方式有不同的安全防护要点。

2.4.1 使用暖气

使用暖气设备需要注意其是否漏水，在发现设备漏水后，要第一时间关闭进水、回水阀门或提醒家属 / 亲友关闭。如无法关闭，首先应该让家属 / 亲友用毛巾、旧衣服等堵住漏水的位置，用脸盆、桶等容器接水，以保证水不会到处泄漏；然后及时联系供暖公司，告知漏水事故，要求关闭阀门并尽快维修。

暖气设备泄漏的水可能温度较高，容易造成烫伤，所以切忌直接触碰，家属 / 亲友须注意提醒家中的视力、智力残疾人不要靠近。此外，漏水可能导致地面上有积水，容易造成跌倒，所以应该及时把地面拖干。

2.4.2 使用电暖器

使用电暖器需要注意防火问题，切忌在电暖器上烘烤衣物、被褥等，否则容易引发衣物、被褥着火。同时，切忌在通电时放倒电暖器，以免电暖器出现故障，引起火灾。

特别注意

视力残疾人 由于难以观察到电暖器摆放的位置，可能会因过于靠近而被烫伤，或不慎撞倒电暖器；建议家属/亲友在使用电暖器时，将其摆放在家中固定的位置，如角落或墙边，并提前告知摆放位置，提醒其不要靠近。

心智障碍者 由于未必能认识到靠近电暖器有被烫伤的风险，甚至故意触摸电暖器，建议家属/亲友提前告知电暖器的安全风险，要求其不能触摸，并尽量将电暖器摆放在其难以触碰的位置。

2.5 用药安全

无论哪种类型的残疾人都需要医治疾病，使用或服用药物时注意以下几个方面：

2.5.1 检查药物质量

在服药前，应首先检查药物是否已过期或变质，比如查看药物的生产日期和保质期，查看包装有否破损，检查药物是否受潮或变味等。在确认药物的质量完好后再服用。

2.5.2 按时按量服药

无论哪种药物，都应该遵循医嘱或根据说明书按时按量服用。目前市面上有专门的分药盒可以购买，这些分药盒会分成多个小格，而且会印有"星期一早餐""星期一晚餐"等字样，只要根据药量和服用的时段提前把药分好，每次服用一格药就能够保证按时按量。

分装药盒

2.5.3 按需及时就医

在做到按时按量服药后，如果病情没有好转，或出现病情不稳定、发作、产生副作用等情况，建议及时就医复诊，以更换药物或采取其他治疗手段。

特别注意

视力残疾人 由于难以看到药物的摆放位置，也难以准确拿取，建议购买分药盒并由家属／亲友提前分药。家属／亲友可将一周的药提前分入盒中，视力残疾人每天只需按照时段服用一个格子内的药物即可。

心智障碍者 服药对于心智障碍者的情绪、行为稳定有重要作用，因此在用药时有多个方面需要注意：

①由于未必具有安全用药、按时按量服药的意识，建议由家属／亲友协助或指导准备药物，并监督其服用。同时建议购买使

用分药盒，目前市面上除了上述普通分药盒外，还有带提醒功能的智能分药盒。它可以在设定的时间发出提示音提示服药，适合记性不佳的人使用。

②服用精神类药物可能带来一定副作用，比如便秘、发胖、嗜睡、口干、手抖、无法静坐等。病人既需要理性认识和看待药物的副作用，也需要根据副作用的严重程度，及时向医生反映，以便医生在必要时更换其他药物。

③即使保证按时按量服药，仍可能受气候变化、工作和生活压力等因素的影响，出现病情发作等情况。建议家属/亲友注意，当心智障碍者出现思维错乱、情绪反常、意志消沉、过分活跃、产生幻觉、产生妄想等中的1至2个症状时，就要及时陪同其就诊，由医生诊断是否应更换药物、增加药量或住院治疗。

2.6 利器使用安全

剪刀、菜刀、水果刀等都是日常生活中常见的利器，由于其刀口锋利，容易造成伤害，所以在使用时需要注意以下几个方面：

2.6.1 使用利器时

应避免独自使用利器，尽量由家属/亲友使用。如果确实需要使用，要避免单手操作，应一手握好利器，一手拿稳要切割的物品；或把物品放在平稳的桌面上并用手压稳，保证物品固定不移动。

2.6.2 不慎被利器割伤时

如果不慎被利器割伤流血，不必惊慌，可以用三种方法止血：

①指压止血法——把手指按在伤口上方，用力将血管压到骨头上，中断血液的流动，达到止血的目的。②包扎止血法——用纱布盖住伤口，再用绷带或布条等紧紧包扎，并抬高受伤的肢体，达到止血的目的。③填充止血法——用镊子夹住干净无菌的纱布塞进伤口里，并包扎固定住纱布，达到止血的目的。

如果身体受伤严重，以上三种方法都不能止血，应该马上拨打120送医急救。

特别注意

视力残疾人 由于难以看到利器切割的位置，难以准确判断利器与手的距离，建议慎重使用利器或由家属／亲友帮助使用。也可购买由树脂制成的安全剪刀，以便自行剪开包装、绳子、纸张等轻薄的物品，但不建议使用其他刀具、利器。此外，还要做到"专物专放"，将安全剪刀用保护套套好并放在固定位置，以防存取时不慎被割伤。

肢体残疾人 应根据上肢的力量、活动能力来判断自己能否使用利器，在使用时尽量避免单手操作。

心智障碍者 由于未必具有安全使用利器、保护自己和他人安全的意识，建议由家属／亲友使用利器。如果确实需要使用，家属／亲友应该首先确认其精神和情绪处于稳定状态，再让其使用树脂剪刀等相对安全的利器，并在旁边提供协助。

2.7 跌倒预防

在家中进行某些移动、活动时，存在磕碰、跌倒的风险，需要多加注意和预防。

2.7.1 下床时

人在刚睡醒的状态下，身体尚未活动开来，这时突然下床会有一定风险，容易因身体不稳或供血不足而摔倒。因此，睡醒后不要着急下床，先坐直身体并在床上活动手脚，让身体适应睡醒后的状态，再坐到床边让脚着地，慢慢下床。

> **特别注意**
>
> **肢体残疾人** 平时若需要使用拐杖或其他辅具，建议在睡觉前把辅具放在容易够着的地方，比如床头。下床时，应该先抓稳辅具再让脚着地，感觉辅具和脚都稳当后再继续行动。

2.7.2 更换衣物时

在更换衣物尤其裤子时，切忌勉强单脚站立更换，应该坐在床边或椅子上。

建议尽量选择裤腰有弹性的裤子，这样在坐着穿好裤子后，站起来束衣服时就不用担心裤子滑落，又得重新穿一遍。

2.7.3 在家中散步时

散步前，建议提醒家属／亲友把家具、快递及其他地上散落的物品放好，尽量留出足够空旷的空间以供活动，防止磕碰或被绊倒。

特别注意

视力残疾人　常用的家具及物品应摆放在固定位置。家属／亲友在收拾家具或其他物品时，注意将其放回原位。此外，家属／亲友应将家具、墙角的尖锐和突出部分贴上防撞胶条，以防止发生磕碰受伤。

2.7.4 进入厕所、浴室时

厕所、浴室或其他地面常湿滑的场室容易造成残疾人尤其是老年残疾人跌倒，因此在进入这些场室前，应穿上鞋底有底纹、可防滑的拖鞋，保证鞋子不会轻易打滑。

可以先扶着门框，用一只脚试探地面是否湿滑，然后进入。如果发现地面湿滑有积水，最好先用拖把拖干地面；还可以在地上铺防滑垫，或请专业公司对瓷砖进行防滑处理。

厕所和浴室内最好安装座厕或坐便椅、沐浴椅，以便坐着如厕和洗澡；也可以在墙壁上安装扶手，以便借助扶手站起或保持身体平衡。

2.7.5 跌倒后的应对

跌倒后不要慌乱，先通过深呼吸逐渐平复呼吸和心跳，并自我感觉身体哪里疼痛，是否出现其他不适。

原地坐直身体后，不要着急站起，先缓慢挪动到墙边，再扶着墙、扶手或其他结实、干燥的物体站起。如果感到身体不适，没法自行站起，可以通过大声呼喊、敲击物品、拍门或地面等方式吸引家属 / 亲友的注意，由家属 / 亲友扶起来。长期独居的残疾人建议随身携带手机，以便在跌倒后及时联系家属 / 亲友或拨打求救电话。

重新站起或坐好后，让家属 / 亲友帮忙检查身体各个部位有没有淤青或流血，然后擦药、止血或去医院就医。

特别注意

在日常起居的移动过程中，视力、肢体或老年残疾人更易发生跌倒等意外事故。值得注意的是，预防跌倒远比跌倒后的应对更加重要，所以建议残疾人提醒家属 / 亲友保持厕所、浴室地面的干燥，并根据自身残疾类型和程度进行家庭无障碍改造，购买合适的防滑用品；其中扶手、沐浴椅等都是预防跌倒的好帮手，也可以在容易跌倒的区域安装应急按铃，方便按铃呼叫家属 / 亲友。

2.8 其他情况应对

2.8.1 身体突发不适

应该马上停止手头上正在做的事情，告知家属/亲友身体哪个位置感到不适，或用手指指着那个位置，让家属/亲友知道并采取措施。如果家属/亲友不在身边，可尝试向邻居求助，请对方代为联系家属/亲友或120。

如果知道身体不适是某些老毛病造成的，可尝试服用平时常服的药物；如果仍然没有好转，就要告知家属/亲友并由其陪同看医生。

特别注意

听力残疾人、言语残疾人 由于难以通过口述表达自身意图，建议通过做表情、比手势、做动作等方式表达想法。也可以和家属/亲友做好约定，比如做某个手势代表自己很难受，做某个手势代表自己需要帮助等；或在家中安装应急按铃，只需按下随身携带的呼叫按钮，应急按铃就会发出声音，以便提醒家属/亲友前来帮忙。如果家属/亲友不在家，除通过手机短信、微信发送文字告知家属/亲友尽快回家外，还可以在微信上搜索"微急救"，搜索所在城市的120急救平台，向平台发送自己的定位进行求救。

2.8.2 陌生人来访

在通过猫眼看到是陌生人来访或听到陌生人喊门时，如果家属 / 亲友在家，可由家属 / 亲友进行应对；如果家属 / 亲友不在家，应该首先询问对方的身份和来访目的。

如果是外卖员或快递员，可让其将货品放在门口，稍后自行拿取；如果是村委会 / 居委会等单位的工作人员，可让对方出示工作证件证实身份，再开门或与其继续隔着门沟通；如果是推销员等陌生人，往往是想推销产品甚至诈骗钱财，则要提高警惕不要开门或应门，等其自行离开，不要向其透露个人或家庭的任何信息。

特别注意

听力残疾人 由于难以听到门铃或敲门声，可能因此错过外卖员、快递员、村委会 / 居委会等单位工作人员的来访，建议让家属 / 亲友在家中安装闪光门铃。有人按下门铃后，不仅会响起门铃声，门铃接收器还会不断闪光，提示有人来访。部分闪光门铃还可以搭配振动提示器，方便随身携带，适时获知有人按门铃。

言语残疾人 由于难以通过口述与他人交流，无法口头询问对方的身份和来访目的，应由家属 / 亲友进行应对。如果家属 / 亲友不在家，可直接不开门；当对方是外卖员或快递员时，往往会直接将外卖或快递放在家门口；当对方是村委会 / 居委会等单位的工作人员时，往往会选择其他时间再次来访，因此不必担心不开门会造成不良的结果。

2.8.3 遭遇盗窃

发现家里被盗窃后，先不要大喊大叫或大声咒骂，以防小偷仍在屋内且被你惊动，对你进行攻击。应保持安静仔细聆听屋内的动静，确认屋内已没有别人后，马上报警。

在等待警察上门期间，应该检查有哪些财物被盗；警察上门时，向其说明失窃情况。在警察勘查现场后，可向警察了解勘察结果，搞清楚小偷是如何进屋的，并做好补救措施，包括更换安全性更高的门锁、更换更严实的窗户、在家门口安装监控等。

特别注意

听力残疾人 由于难以听清细微的声音，在发现家里被盗窃后建议让家属/亲友注意聆听。如果家属/亲友不在身边，建议先离开屋子，向邻居、物业人员、保安等求助，由他们代为报警和联系家属/亲友。

言语残疾人 由于难以打电话报警，可以编辑手机短信发送至"12110+所在城市电话区号后三位"进行短信报警，比如北京市的残疾人发短信至12110010即可。注意短信里要写清案发地点、时间和案情等信息。

残疾人外出安全防护要点

本章关注残疾人外出安全防护的要点，结合具体情境进行防护要点分析，并给予适当的建议。

3.1 外出前准备

外出前准备充足，能够有效避免外出风险的发生，也能够提升遇到外出危险时的应对能力，因此需要重视。外出前，需要做到以下几点：

3.1.1 日常用品的准备

出门前需要根据自身需求检查携带物品，包括手机、证件、钱包、钥匙、雨具、水等。对于无自主行为能力者，重要物品应由家属 / 亲友携带和保管。

为避免重要物件丢失，可考虑使用绳索将物件捆绑在外出包内。

为避免重要物件被弄湿损坏，可考虑使用防水袋包装物件。

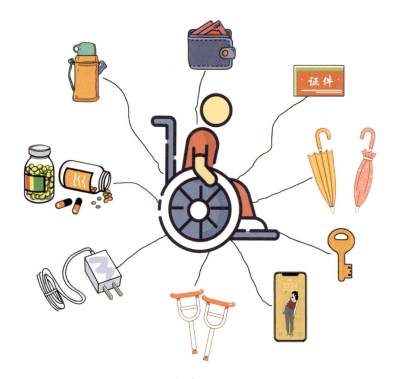

3.1.2 辅助器具的准备

出门前应检查辅助器具的安全性，确保能够安全使用。

辅助器具包括助听器、盲杖、轮椅、拐杖、助行器等常规的辅助器具，也可以是日常会使用到的辅助工具，包括眼镜、防滑手套、防滑鞋、雨伞拐杖、哨子、与外界沟通的设备等。

电动轮椅、电子导盲仪等电子辅助器具应提前充电，保证电量足够使用。如遇到恶劣天气，应尽量避免使用电动轮椅出行。

3.1.3 药物的准备

出门前应检查药物的有效日期及适用范围，确保能够正常服用。

长期服用的药物（例如降压药、降糖药等），时间允许的情况下，建议在出门前先服用。

应急使用药物（例如哮喘药、救心丹、癫痫药物等），应放置在容易获取的位置，方便自己或他人及时取出。

3.1.4 紧急联系方式的准备

在外遇到突发状况，第三方可以通过紧急联系方式联系到家属 / 亲友，以进行及时的应对和处理。紧急联系信息可以包括本人姓名、住址、电话、简要情况（残疾或患病情况）、紧急联系人及电话等信息。

意外无法预判，高龄、身体常有不适、外出风险相对较高等缺乏完全自主行为能力的残疾人都需要预留紧急联系方式，以备不时之需。

3.1.5 身体状态及外界环境评估

通过自我觉察和家属 / 亲友观察，提前评估身体状况是否适宜外出，特别是近期身体状态和精神状态不稳定时，建议非必要情况不要外出，在家进行休养。如身体感知和观察能力有限，可以借助家中医疗设备进行提前测量（如血压计、血糖仪、温度计等），有效地评估身体状况。

通过查阅实时天气预报，提前了解外出天气情况，做好防风、防雨、防暑、防寒、防雷等准备。

3.2 通过公共道路

3.2.1 通过普通路段

出行时尽量选择路况好的人行道以及人流量较少的路段行走，优先选择无障碍通道。

走路时应该注意减慢速度，确定前方没有障碍物，以及没有移动速度较快的人和车，降低碰撞风险。

盲杖、轮椅、拐杖等使用者应保护好辅助器具，保障安全出行。

> **特别注意**
>
> **视力残疾人** 应优先选择盲道通行，使用盲杖、导盲犬和电子导盲仪等方式协助。如果对于道路不熟悉或道路较为复杂，应在家属 / 亲友陪同下通行，并反复练习，熟悉路况。
>
> **听力残疾人** 习惯"眼观六路"，做好上、下、左、右、前、后的观察。
>
> **肢体残疾人** 做好防滑防跌的准备，例如配备防滑手套和防滑鞋。

3.2.2 通过人员拥挤路段

人员拥挤的情况常出现在地铁、公交场站、交通路口、商场通道和天桥等地段，容易出现碰撞、跌倒、财物丢失的风险。

进入人员拥挤路段，需要保护好自身安全以及辅助器具，保障正常的出行状态。

　　尽量回避人群拥挤的场所，无法回避时应靠边缓慢行走或扶稳停留（避免逆人流前进），观察清楚路况，以免摔伤及磕碰。

　　若受到密集人流的冲击，一定要先稳住双脚，或抓住坚固牢靠的东西，待人流过去后再离开现场，注意不要采用重心前倾或者低重心的姿势。

特别注意

　　视力残疾人　应保护好盲杖，找到路边一侧扶稳躲避，防止被撞，如有需要，可以大声呼喊，引起关注。

　　肢体残疾人　应注意保护拐杖和轮椅，找到路边一侧扶稳躲避，防止被撞，如有需要，可以大声呼喊，引起关注。

　　心智障碍者　此种突发状况容易导致其产生不安和紧张情绪，造成失控，引发危险。此时应有家属 / 亲友陪同或提前进行有效训练，降低风险。

3.2.3 通过高空坠物风险路段

　　需要留意和评估是否处于高空坠物的高风险路段，如遇大风、雨天、施工、危楼或外墙清洁等情况，尽量避免靠近，或在家属 / 亲友的协助下快速通过。

　　高空坠物往往意外突发，因此需要细致地感受外围情况，通过时尽量在屋檐下行走，也可以用书包、伞具等护住头部。

特别注意

　　视力残疾人　因看不清或看不见，难以评估周围的高空坠物风险，建议通过"听"的方式了解外界是否存在施工等危险，通过"触"的方式感受是否存在大风、大雨的情况，通过"问"的方式向家属／亲友或可信任的路人了解更多信息。

　　肢体残疾人　由于行动不便，特别是使用轮椅者，对于高空坠物无法及时躲避。在通过道路时，应该观察确认环境情况，感受外界环境（如大风、大雨）是否存在潜在危险，选择安全路线或在有安全保护的情况下通过。

3.2.4 通过斜坡

　　通过斜坡时，较大的风险是由于斜坡的坡度、宽度、障碍物等问题，出现失衡、失速、脱力的情况。

　　上／下坡前，需要先评估斜坡的坡度、宽度，是否存在障碍物，安全行径空间是否足够等情况。

　　在上坡时，应采取半弯身体的方式进行，步伐应小，注意脚下，重心应放在前脚，稳定后再前行。

　　在下坡时，也应采取半弯身体的方式进行，步伐应小，注意脚下。此时重心放在后脚，稳定后再前行。

　　在使用辅助器具时，注意辅助器具的防滑性，包括手套、拐杖、轮椅等。行走时需要紧握扶手，注意与辅助器具（如盲杖和拐杖）的前后配合，或在他人陪同下前行。

特别注意

肢体残疾人

拐杖使用者在通过时需要关注斜坡角度是否过大，检查扶手的稳固性，注意扶手侧和拐杖侧的四肢配合，平稳缓慢前进。如坡度较大，不建议独自前行。

轮椅使用者在通过时要注意坡道和缘石坡道的高度差、宽度大小和是否存在障碍物遮挡，确认路面平整，防止轮椅在行驶过程中翻覆。通过时，应该缓慢前行，量力而行。如坡度较大，不建议独自前行。

有协助者推动轮椅时，上坡需要保持平稳推车的方式，身体微向前倾，并靠近轮椅，两臂保持屈位，蹬地的腿要平稳，慢用力；下坡坡度较小时需要保持平稳推车的方式，手臂弯曲，不要再往前加力，身体略后仰，双手控制车的前冲速度；下坡坡度较大时需要采用倒车下坡的方式，身体靠近轮椅，眼睛注意坡道，缓慢倒退滑行。

上坡推轮椅

坡度较大时

下坡推轮椅

坡度较大时

3.2.5 通过马路

过马路时，需要注意遵守交通规则，红灯停绿灯行，走斑马线，不宜追逐、打闹。应保护好人身安全。

如果没有交通信号灯，则留意来往车辆的情况，选择合适的时间通过。如果没有人行横道，就最好和他人一起或由他人协助确定安全后再通过。

> **特别注意**
>
> **听力残疾人** 前行过程中,注意通过多方的观察,留意红绿灯、车辆行驶以及人流方向等，平稳安全通过。
>
> **视力残疾人** 通行时应听清交通信号灯指示声音，并留意附近是否有可以协助通行的家属／亲友或路人，然后安全通过。
>
> **肢体残疾人** 使用轮椅者，由于处于低处，为了保证司机能观察到，最好戴上颜色鲜艳的帽子、穿上鲜艳的衣服或举起物品，提示司机，再做前行。
>
> **心智障碍者** 需要学习交通规则，通过模拟和训练学习通过马路。

3.3 乘坐公共交通工具

3.3.1 乘坐公交车

需看清线路后再上车（包括公交线路、前往方向、站点数量、终点站名称等），如有可能，上车时与司机确认目的地。

　　在确保安全的情况下有序上车，并寻找合适位置坐下或靠近有扶手的位置，坐稳站稳。

　　上车后不能在中途睡觉，不能大喊大叫，避免与司机进行不必要的闲聊。

　　留意站点信息，到站停稳后方可下车。

　　可以借助手机导航的语音和图像信息理解路线，并获得及时的站点信息。

特别注意

　　听力残疾人　在使用交通工具时，需要与司机确认路线，可以借助手机、纸条等进行文字信息沟通与确认。

　　视力残疾人　如无法通过观察确认信息，建议在家属／亲友陪同下或路上询问多位路人确认信息后再上车。上车后，仍需要与司机保持沟通，确定站点后方可下车。

　　言语残疾人　在使用交通工具时，需要与司机确认路线，可以借助手机、纸条等进行文字信息沟通和确认。

　　肢体残疾人　如上车不便，建议在家属／亲友或司机、乘客协助下上车。部分公交车会有定制的轮椅专用上坡道，方便轮椅使用者顺畅上车。上车后注意扶稳站稳，如无法确保平衡，建议求助有座位的乘客让座。

3.3.2 乘坐出租车

上车前记住车牌号码，并尽量将车牌号码告知信任的人。上车时防止磕碰头部，以及被车门夹伤。

上车后，必须扣上安全带，并清晰地向司机说明目的地。

在行驶过程中，需要注意路线的准确和安全，建议使用手机导航指引。

下车前，需要确定终点位置，并将行李物品、辅助器具等检查清楚，车停稳后方可下车。

下车开门时留意车外其他机动车和行人，避免碰撞。

特别注意

听力残疾人　上车时需要与司机确认路线，可以借助手机、纸条等进行文字信息沟通和确认。乘车期间也要保障自身安全，与信任的亲友保持沟通。如遇到紧急情况，可以通过短信进行报警。在短信里需写清楚时间、地点、案情等信息，发送到"12110+ 所在城市电话区号后三位"。

视力残疾人　需要确定路线，建议在语音导航下进行实时定位，了解具体行驶路线。

言语残疾人　上车时需要与司机确认路线，可以借助手机、纸条等进行文字信息沟通和确认。乘车期间也要保障自身安全，与信任的亲友保持沟通。如遇到紧急情况，可以通过短信进行报警。在短信里需写清楚时间、地点、案情等信息，发送到"12110+ 所在城市电话区号后三位"。

　　肢体残疾人　使用轮椅出行者应提前预约当地残疾人士专用出租车，方便出行。因此，可以提前保存预约电话，以备不时之需。

　　心智障碍者　在进入出租车这种密闭空间后，容易产生不安、焦虑和失控的情况，建议提前进行训练和辅导，在上车前适当与司机说明情况，选择用时较短的路线。

3.3.3 乘坐地铁

　　根据地铁乘车指引入站，留意地铁路线特别是换乘站点和方向，选择最佳的乘坐路线。

　　等待地铁的过程，不要靠近地铁轨道，应站在安全范围等待。

　　上车后寻找合适位置坐下或靠近有扶手的位置，不要大喊大叫或影响其他乘客。

　　下车前，需要确定终点位置，并将行李物品、辅助器具等检查清楚，车停稳后方可下车。

　　地铁屏蔽门存在较高的夹伤风险，切忌在车门即将关闭时抢上抢下，应耐心等候下一趟车。

　　如需帮助，可寻找地铁工作人员或可信任的乘客进行咨询。

特别注意

　　听力残疾人　需要留意路线及到站信息，观察站台内地铁线路图、车厢内电子屏幕的到站文字信息。

　　视力残疾人　需要在工作人员协助下，使用残疾人专用通道入站，在乘坐地铁过程中，可以通过地铁语音信息了解路线和到站情况，方便乘车。

肢体残疾人　使用轮椅者需要进站，可以在地铁入站处与工作人员沟通，申请协助。

心智障碍者　在复杂的地铁环境中较为敏感，特别是受到各种声音、地铁震动、人流密集等环境的影响，以及与过去习得的规则有所不同的情况（如疫情防控期间佩戴口罩、安检等），可能会出现尖叫、奔跑、失控等状况。建议家属／亲友陪同，并适时与工作人员、厢内乘客说明情况。在日常注意训练，亦需要寻找可以转移其注意力的物品和方法，以备不时之需。

3.4 途经公共交通场站

3.4.1 使用残疾人升降机

使用前，查看升降机的情况，包括寻求协助按钮、位置、紧急按钮和使用办法等。同时，通过提前观察，检查安全性。

向工作人员寻求帮助，仔细听取工作人员说明使用方法及安全状况。

在升降机运作时，会出现重心不稳的情况，其间注意扶稳固定物体。

使用结束后，应等待升降机完全停稳，在工作人员协助下再检查离开。

3.4.2 遭遇治安事件

提前通过各种渠道或咨询当地交通站点内工作人员，了解遇到治安事件时站点的安排和应急方案以及残疾人如何配合疏散等信息。

当站内出现治安事件时，应尽可能远离事件发生地点或就近找寻掩体保障自身安全。

在治安事件中受伤，应及时与工作人员联系，或拨打120、家属/亲友电话进行求助。

特别注意

听力残疾人 在治安事件发生初期，常未能及时了解缘由而出现不安和恐慌，但是建议首先确保自身安全，优先根据工作人员指引离开现场。确保安全后，再向工作人员了解事件情况。

视力残疾人 应停留原处，并通过呼喊和举手（物）示意，寻求工作人员帮助，往反方向离开现场，确保自身安全。

言语残疾人 在治安事件中，容易出现受伤而产生求助困难的情况，建议常备哨子，在工作人员未能发现时以哨子示意求助，并尽快找到工作人员协助。

肢体残疾人 可以观察事件发生的方位，尽量远离事发位置，寻求工作人员帮助，离开现场。

心智障碍者 现场出现过激的行为是非常规的事件，可能导致其情绪失控，家属/亲友及相关工作人员需要留意。

3.4.3 遭遇自然灾害事件

如可能遇到自然灾害突发，如站内进水、路面坍塌等情况，残疾人应提前通过各种渠道或咨询当地交通站点内工作人员，了解应急方案和安全疏散出口等信息。

当站内出现自然灾害事件，应用心倾听和观察站内相关指引，寻求他人帮助，脱离危险环境。

特别注意

听力残疾人 无法及时通过声音得到广播信息，应立刻找到工作人员，或观察现场人流动向配合疏散。

视力残疾人 应停留原处，并通过呼喊和举手（物）示意，寻求工作人员帮助，获得及时的援助。

言语残疾人 容易出现受伤而产生求助困难的情况，建议常备哨子，在工作人员未能发现时以哨子示意求助，并尽快找到工作人员协助。

肢体残疾人 行动不便，应找到紧急疏散避险通道，获得疏散的办法和技巧，或与工作人员联系，获得及时的援助。

心智障碍者 现场出现混乱情况是非常规的事件，可能导致其情绪失控的状况，家属/亲友及相关工作人员需要留意。

3.4.4 遭遇踩踏事件

因场站内人流密集，容易发生跌倒和踩踏事件，引起伤亡，应提前做好防滑扶稳措施，保障轮椅、盲杖、拐杖的正常使用。

进入站内，观察站内人流量，尽量选择人流量少的道路、残疾人专用道，或寻求工作人员的帮助后入站。

处在拥挤人群中有不自主运动的情况，应用两臂撑起空间，保证呼吸，尽量在人群中反向用力拖延，但要顺势而动，不要硬扛，以免摔倒。

裹挟在人流中，尽量向人群边缘运动，注意不要采用重心前倾或者低重心的姿势，即便鞋子被踩掉，也不要贸然弯腰提鞋或系鞋带，有机会抓住牢靠的固定物体就稳住双脚，停住不动，待人流过去后再离开现场。

当近处有人摔倒时，尽量停下脚步，同时大声呼喊，告知周围的人不要靠近。万一自己不慎摔倒，要大声呼喊提醒他人，同时屈膝侧卧蜷缩身体，双手抱头，保护好自己的头部和胸腹，最好设法靠近墙角。

特别注意

视力残疾人　应保护好盲杖，并找到靠近路边或墙边、牢固的东西抓稳扶好，如有需要，可以大声呼喊，引起关注。

言语残疾人　遇到自己受伤或前方有人跌倒的情况，需要发出求助时，建议常备哨子，吹起哨子示意求助，并尽快找到工作人员协助。

　　肢体残疾人　应注意保护拐杖和轮椅，并找到牢固的东西抓稳扶好或协助前行，如有需要，可以大声呼喊，引起关注。

　　心智障碍者　此种突发状况容易导致其产生不安和紧张情绪，造成失控，引发危险。此时应有家属／亲友陪同或提前进行有效训练，降低风险。

3.4.5 遭遇交通工具故障

　　因出行情况复杂，容易遇到交通工具出现故障的问题，甚至会出现失火等情况。此时应尽量配合驾驶员指示进行疏散和撤离。

　　受伤时应及时呼喊，告知驾驶员和其他可信任的乘客，以便及时得到帮助。同时，也需要联系家属／亲友进行处理。

特别注意

　　视力残疾人　应在收到疏散信息时，立刻通过呼喊和举手（物）的方式示意需要协助，以更好地获得救援。

　　言语残疾人　遇到自己受伤或前方有人跌倒的情况，需要发出求助时，建议常备哨子，吹起哨子示意求助，并尽快找到工作人员协助。

　　肢体残疾人　在疏散期间行动不便，应尽量保持辅助器具的有效使用，在工作人员和其他乘客的协助下离开现场。

　　心智障碍者　此种突发状况容易使其产生不安和紧张情绪，造成失控，引发危险。此时应有家属／亲友陪同或提前进行有效训练，降低风险。

3.5 使用公共设备

不论是住宅区还是商区，电梯和楼梯都是常见的通行设施，对于残疾人来说，使用这类型上下通行的设施时，平衡感会受到一定的挑战，故需要注意以下几点：

3.5.1 使用扶手电梯

扶手电梯是一个滚动上升／下降的装置，残疾人对于"踏出不断移动的第一步""上升过程失去平衡感""踏出和离开终点梯级"三个阶段会存在恐惧感和未知感，因此需要进行多次训练。

避免将手指
伸进扶手槽

紧急制动
按钮

脚尽量踏在扶梯
踏板正中间

首次接触扶手电梯前，可以在前期尝试以楼梯进行训练，了解电梯移动的原理，做好事前的训练，降低恐惧感。为了安全，初次使用或必要时应在家属／亲友陪同下进行。

在正式使用电梯时，"第一步"的踏出切忌犹豫不定，特别是踏出了一步后，第二步应自然跟上。如不小心踏在了电梯踏板的间隙位置，可以在双脚踏上电梯后进行调整。

在电梯上升／下降的过程中，注意紧握扶手，头部和四肢均不要伸出装置外，避免将手指伸进扶手槽，否则容易被卡，造成危险。同时，也要留意脚下的情况，双脚应平稳站在电梯上，尽量踏在扶梯踏板正中间，不要踩黄线、跳动或跑步，避免造成不必要的危险。

即将到达终点位置时，需要及时踏出电梯，双脚站稳后要尽快离开电梯。

在扶手电梯的两端和中间都有紧急制动按钮，发生危险时家属／亲友需要注意第一时间按下按钮，即可将扶手电梯停下，避免事态进一步恶化。

使用电梯前后，不应在进出口长时间逗留，避免出现冲撞的情况。

特别注意

视力残疾人　全盲者不建议使用扶手电梯。

肢体残疾人　拐杖使用者、轮椅使用者不建议使用扶手电梯。

心智障碍者　对于使用扶手电梯容易出现恐惧，家属／亲友应视情况而定协助其进行训练。

3.5.2 使用升降电梯

使用升降电梯时，残疾人可能会因"密闭"而产生恐惧和呼吸困难等不适，另一方面可能会因"上下／快速移动"而产生失重和失衡的感受，也有一部分人会产生耳鸣的情况。以上状态是需要通过训练来适应的。

首次接触升降电梯前，应提前了解和学习使用内部的装置（包括常见按钮、紧急按钮、排气扇等），也应该理解升降电梯为箱体，进入前中后会因重量的改变而出现轻微的上下浮动，清楚认识这是正常的状态。

进入升降电梯后，需要检查辅助器具和随身物品均在梯内，避免阻碍运行。另外，不应在升降电梯内跳跃、打击箱体、大声喧哗等。

升降电梯运行时，容易出现轻微的晃动。如果上升／下降楼层较多、速度较快，也会出现耳鸣、心跳加速和失重的感觉。这些均是正常现象。可以通过张嘴和吞咽动作缓解耳鸣，通过扶稳梯内扶手等稳定身体，增强安全感。

当升降电梯处于维修状态、楼栋发生火灾／漏电／地震等情景时，升降电梯是不允许使用的。

当被困升降电梯时，需要进行以下几个步骤：①稳定情绪，不要恐慌。②按下紧急呼叫按钮，等待专业人员处理。③在电梯失控的情况下，应把最近一层按钮或每一层按钮都按下。④选择不靠门的角落，膝盖弯曲，身体呈半蹲姿势，尽量保持平衡。⑤千万不要强行撬开升降梯门逃生，以免坠落。

特别注意

视力残疾人 可以在电梯内使用盲文按钮，用心听楼层到达的声音，再离开电梯。如无盲文按钮，应在可信任的人协助下完成。

肢体残疾人 进入电梯后，应检查拐杖或轮椅是否完全进入电梯厢内。特别是轮椅使用者，需要提前观察电梯的宽度和深度，防夹防撞。

心智障碍者 进入和离开升降电梯存在场景的转换，轻微的机器运作声音也有可能引起不适和不安，需要进行使用训练。

3.5.3 使用楼梯

使用楼梯时需要注意防滑以及肢体、辅助器具等的配合，也需要注意尽量扶靠同一侧，避免被其他人撞到。

日常需要适应和训练楼梯的使用，避免遇到火灾等突发事件时陷入慌乱，无法逃生。

特别注意

视力残疾人 建议在家属/亲友陪同下进行上下楼梯的训练。熟记自己居住的楼层数、梯级数、梯级厚度、转弯数及角度，在初期练习时需要家人陪伴和协助。

肢体残疾人 需要注意肢体、辅助器具和扶手的配合，采用"逐级登高、稳步上升"的策略，确保每一级楼梯都是双脚站稳后再迈出下一步。

3.6 其他情况应对

3.6.1 迷路

迷路的原因有多种，可能是外界环境的改变造成的，也可能是残疾人对环境不熟悉或者认知水平、知觉受限等原因造成的。

提前准备好地图或导航路线，以防迷路。同时，尽量走大路，切忌走不熟悉的小路／小巷子／岔路口等。

迷路时，首先稳定自身情绪，观察四周的路牌、标志性建筑物等，确认现时所在的地点。

通过导航、求助家属／亲友、询问多个路人等方式，修改或重新规划路线。

如已经无法判断方向，应及时到就近的派出所、村委会／居委会等进行求助。

特别注意

视力残疾人　可以通过语音导航重新确定方向；或选择暂时停止前行，寻找可靠路人确定正确的方向后再前进。

心智障碍者　应提前制作好联系卡，包括家属／亲友信息，以便及时联系家属／亲友。如果有一定的自理能力和认知能力，可以尝试通过通信工具联系家人，告知身处位置的标志物和路牌，等待家属／亲友帮助。如果自理能力和认知能力不足，建议在家属／亲友或可靠的人员陪同下外出，避免发生意外。

3.6.2 走失

学习能力、环境及社会适应能力较弱的残疾人，特别是心智障碍者，缺乏安全意识和自我保护意识，一旦走失，风险较高。

关于走失预防：残疾人本人应佩戴防走失手环或定位器，随身携带联络卡[本人姓名、住址、电话、简要情况（残疾或患病情况）、紧急联系人及电话等信息]，方便第三方联络；家属/亲友应尽到监护责任，陪同和照顾残疾人，避免其独自外出，另外也应提前做好走失时应对的训练；社会组织和亲友团体应建立网络，在遇到走失问题时，可通过警察、网络发布信息，以最快时间得到帮助。

关于走失应对：残疾人应停留在原地，及时致电家属/亲友或110说明情况，不能跟陌生人随意离开。家属/亲友应尽快报警和搜索，必要时将信息发布至网上，提高寻找的成功率。

3.6.3 户外遇险

外出远行前，应注意做好辅助器具准备、物资准备、线路规划、急救包的补充等，并保持通信设备沟通顺畅。

外出户外时，应充分保障安全，结伴同行，与家属/亲友一同外出，可及时处理意外事件。

当遇到危险时，应拨打110、120等求助电话，或联系家属/亲友进行救援。另外，可以吹哨子或猛击可发出声音的物品，以便向周围发出求救信号。在夜间，可以使用手电筒、镜子反射光等方法，向他人发出求助信号。

　　户外急救包准备，包括两方面：一方面是应急和处理外伤药品，如创可贴、纱布、弹性绷带、止血带、碘伏、消毒水等；另一方面是预防生病、受伤、被蛇虫叮咬等一些意外，便于第一时间进行治疗的药品，如消炎药、退烧药、感冒药、肠胃药、抗过敏药等。夏季也可预备清凉油、风油精等预防蚊虫叮咬，藿香正气水等预防中暑的药物。

> **特别注意**
>
> 　　**心智障碍者**　需要家属／亲友陪同及照顾，避免独自离家远行。

3.6.4 跌倒

　　外出行走时，应该仔细观察外界状况以及障碍物、移动物的位置，避免碰撞和跌倒。

　　跌倒瞬间，尽量用双手撑地缓冲，减轻摔倒的影响，避免头部或屁股着地。

　　跌倒后，需要评估自身身体情况，如跌倒位置的伤势、是否头痛头晕，再进行相应的求助。

　　稳定好自身情绪和确认身体状况后，可致电家属／亲友或寻求可靠的路人协助，视情况而定，在安全的地方耐心等待家属／亲友或医生的到来。

　　确认身体状态无大碍，则缓慢站起，回家或到医院进行适当的检查，避免出现隐患，例如出现中风前兆。

> **特别注意**
>
> **视力残疾人**　跌倒后无法确认周边环境是否安全，应该立即呼叫，引起周围的人注意，获得安全保护，避免出现二次伤害。
>
> **肢体残疾人**　在确定自身安全的情况下检查辅助器具的可使用状态。

3.6.5 与他人发生冲突

与他人发生冲突，无论是非对错都要尽可能避免冲突带来的相互伤害。

面对冲突时，要保障自身安全，根据实际情况尽可能在"公众"环境下应对，以保证及时获得援助。

依次选择"脱离冲突场景""澄清道理，不意气用事""做好合法自我保护"的应对办法。

必要时可以报警处理，避免肢体上的冲突和受伤。不论是否有残疾，每个人都可以维护自己的合法权益，不要忽视或夸大自己的权利，一切遵循合情合理合法的原则。

> **特别注意**
>
> **心智障碍者**　情绪波动大、较难控制时，应通知家属／亲友和相关工作人员进行冲突现场的分离，转移注意力，待情绪冷静时再做处理。

3.6.6 意外落水

家属 / 亲友应做好提醒叮嘱，不到不熟悉、无安全设施、无救援人员的水域附近逗留、游玩；必要时应看护好残疾人，避免其独自前往或途经水库、池塘、河流、海边。

意外落水时应当自救。首先要稳定情绪，避免惊慌挣扎；然后尽力用双臂向下划水、双脚向下蹬水，并仰头露出口鼻进行呼吸；呼吸时注意吸气要深，呼气要浅，并大喊寻求援救。家属 / 亲友在岸上可尝试伸手救援，或观察周围是否有救生圈、绳索、长棍等工具可帮助其上岸，同时大喊寻求救援。

救援上岸后，若本人有意识、有呼吸心跳，家属 / 亲友应协助其检查身体有无受伤或不适，并按需就医检查；若本人没有意识或呼吸心跳，家属 / 亲友应进行人工呼吸和心肺复苏，并马上拨打 110、120 求助。

特别注意

视力残疾人 规划外出路线时，应避免途经有水域的路段；如果该路段无法避免，路过时注意放慢脚步，使用辅助器具探路或扶好路边的扶手，慎防路面湿滑而落水。

肢体残疾人 意外落水时，应尽力仰头露出口鼻进行呼吸，并使用哨子进行呼救。

3.6.7 面对非常规情况

外出时会面临各种复杂的环境和变化，对于需要长时间适应、存在刻板现象的心智障碍者来说，可能出现情绪失控、尖叫、奔跑逃脱、自伤或伤人。面对此情况，需要得到外界的协助：

家属 / 亲友应尽可能陪同外出，并掌握安抚情绪的办法，比如倾听、转移注意力、带离现场。

出现失控情况时，家属 / 亲友应紧跟残疾人，并寻求外界协助，妥善处理事件。事后留意残疾人的服药及训练问题，避免再次出现相同情况。

4

极端天气残疾人安全防护要点

近年来，极端天气时有发生，带来寒潮、冰雹、雷电、洪涝、沙尘暴等气象灾害和崩塌、滑坡、泥石流等地质灾害，极易造成生命威胁、健康受损和财产损失。这些都提醒着我们需要时刻警惕极端天气的发生，并学会自救。

本章关注残疾人遭遇极端天气时的安全防护要点，结合具体情境进行防护要点分析，并给予适当的建议。

4.1 日常防护和准备

4.1.1 准备家庭急救包

残疾人家庭应常备应急包，且需要定期进行检查，包括物品齐全性、使用日期有效性等，以更好应对突发情况。每个城市应急办都会发布当地的应急物资储备建议清单，建议根据所在地实际情况进行完善。以下列举基础版的家庭应急物资储备清单的基本内容，包括常用药物、应急物品和急救工具三个方面。

4.1.1.1 常用药品

常用医药品：抗感染（如青霉素类、头孢类、蒲地蓝口服液等）、抗感冒、抗腹泻（如止泻宁等）、止痛药（如芬必得等）。

医用材料：创可贴、纱布绷带等用于外伤包扎，一次性医用手套防止交叉感染。

碘伏棉棒、酒精棉球：处理伤口，消毒、杀菌。

4.1.1.2 应急物品

具备收音功能的手摇充电电筒：可触发 SOS 警报、对手机充电、FM 自动搜台、照明。

救生哨：建议选择无核设计，可吹出高频求救信号。

毛巾、湿巾/纸巾：用于个人卫生清洁。

食品：压缩饼干、糖果、矿泉水等满足一家人 72 小时的热量与营养需求。

4.1.1.3 应急工具

生存救助工具：毛毯、打火机/防风防水火柴、长明蜡烛、起重器/撬棍。

多功能组合剪刀：有刀具、螺丝刀、钢钳等组合功能。

应急逃生绳：用于居住楼层较高者逃生使用。

其他物品：地图、备用电池、家庭紧急联络表、家庭应急卡片（包括成员基本信息、照片、血型、常见疾病及残疾情况等信息）、重要证件、家庭备用钥匙等。

> **特别注意**
>
> 以上均为基础版的居家应急物资，针对残疾人的特殊需要，仍然需要增加扩充版的应急物资。
>
> **听力残疾人** 备用助听器及电池、智能手机及备用电池、纸笔等可对外交流物品等。
>
> **视力残疾人** 备用盲杖、智能手机及备用电池、具备收音功能的手摇充电电筒等。
>
> **言语残疾人** 求助哨子、具备收音功能的手摇充电电筒等。
>
> **肢体残疾人** 备用手套、备用防滑鞋、备用拐杖/轮椅；如使用电动轮椅，则需要准备备用电池。
>
> **心智障碍者** 药物、水，以及能够安抚情绪的工具。

4.1.2 日常居家准备

除了准备上述居家应急包外，家庭日常也应该及时检查房屋设施应对极端天气的安全性，包括水电气暖的正常使用情况、房屋抵御极端天气的安全性（门窗、低洼地的御水能力，高楼层的御风能力）。

4.1.3 日常外出准备

查阅实时天气预报，也可以通过文字、语音、图像了解天气情况。提前了解外出天气情况后，可做好防风、防雨、防暑、防寒、防雷等准备。

恶劣天气，非必要情况不建议外出；必要外出（如紧急就医），建议提前规划最佳路线，并找到途经的安全位置（如商场、疏散安置点、地铁站等），在突发情况下可以进行避险。

特别注意

听力残疾人　雨天、雷暴时禁止使用电子助听器外出，防止漏电。

视力残疾人　依靠盲杖者，不建议在大风、大雨及雷暴的情况下外出；雨天、雷暴时禁止使用电子导盲仪外出，防止漏电。

言语残疾人　求助哨子、具备收音功能的手摇充电电筒等。

肢体残疾人　依靠拐杖和轮椅者，不建议在大风、大雨及雷暴的情况下外出；雨天、雷暴时禁止使用电动轮椅外出，防止漏电。

心智障碍者　需要在家属／亲友陪同下外出。

4.2 面对大风

4.2.1 类型

面对大风的情况较多，具有危险性的包括台风、暴风等。风灾还可能伴随着雨、雷电、沙尘、寒冷等情况出现，因此残疾人应该结合实际情况进行防御。

4.2.2 应对方式

应留在家中，待天气情况转好才外出。在家时应检查门窗的紧闭性和牢固性，停止使用非必要的电源和火源，保障室内空间的安全性。

如已外出或必须外出，应缩短在户外的时间，出行路线应该考虑更多室内，如途经商场、使用地铁等交通工具。

在户外通行时，要注意高空坠物、路面电线/电线杆出现短路等，不宜靠近。

特别注意

视力残疾人　应保护好盲杖、电子导盲仪，尽快通过残疾人专用道进入安全的室内，等待户外情况稳定再出行。

肢体残疾人　应保护好辅助工具，大风更容易导致跌倒等问题，因此应找到安全的固定物，进入安全的室内，等待户外情况稳定再出行。

4.3 面对暴雨

4.3.1 类型

暴雨天气容易出现强流水，严重时可能导致洪涝灾害。同时，暴雨天气会伴随雷电以及公共设备漏电的风险，应及时进行避险。

暴雨预警信号分为四级，分别以蓝色、黄色、橙色、红色表示。蓝色代表 12 小时内降雨量将达 50 毫米或以上，且降雨可能持续；黄色代表 6 小时以内降雨量将达 50 毫米或以上，且降雨可能持续；橙色代表 3 小时以内降雨量将达 50 毫米或以上，且降雨可能持续；红色代表 3 小时以内降雨量将达 100 毫米或以上，且降雨可能持续。

4.3.2 应对方式

应留在家中，待天气情况转好才外出。在家时应检查门窗的紧闭性和牢固性，停止使用非必要的电源和火源，保障室内空间的安全性。特别地，如处于低洼的房屋内，应及时做好御水的措施，包括准备沙包、断电等，及时到屋内高处停留。

出门前应该准备好雨具、防滑鞋，并检查好辅助器具可正常使用。雨天禁止使用电子导盲仪、电动轮椅等电子辅助器具。

在户外，应寻找稳固的高地，避免进入危险区域。建议寻找地势较高的广场、牢固的多层高楼处躲避，避免进入地下商场、地下通道、车库、施工地、危旧房屋等低洼或危险地方。

暴雨伴随着漏电的风险，切忌在户外使用电子辅助器具，包括电子导盲仪、电动轮椅等。行走时，应尽可能避开带电的物体，如灯杆、电线杆、变压箱等。如降雨伴随着雷电大风，应远离金属物品、高大树木、广告牌，避免高空坠物，更不要在室外使用电子设备，包括电动轮椅。

如出现险情，应尽快与负责的工作人员联系，做好自救和他救的准备。

特别注意

听力残疾人 使用人工耳蜗或助听器者要留意辅助器具防潮防湿。

视力残疾人 在外要保障盲杖的配合使用，并及时向可靠路人求助，尽快到室内进行躲避。

肢体残疾人 在外要保障拐杖、轮椅的配合使用，并及时向可靠路人求助，尽快到室内躲避。值得注意的是，雨水淹没了路上的坑，容易因"踩坑"导致跌倒，建议走熟悉路段，并在他人的协助下，进入最近距离的室内避雨。

4.4 面对雷电

4.4.1 类型

雷电的出现会使得天空电闪雷鸣，雷电亦会击破地面的易燃物，导致火灾等。同时，雷电并非单一存在的，往往会伴随着风和雨，危险系数升高。

雷电预警信号分为三级，分别以黄色、橙色、红色表示。黄色预警标准的含义为 6 小时内可能发生雷电活动，造成雷电灾害事故；橙色预警标准的含义是 2 小时内发生雷电活动的可能性很大，或者已经受到雷电活动影响，且可能持续，出现雷电灾害事故的可能性比较大；红色预警标准的含义为 2 小时内发生雷电活动的可能性很大，或者已经有强烈的雷电活动发生，且可能持续，出现雷电灾害事故的可能性非常大。

4.2 应对方式

密切留意政府及相关部门的防雷抢险工作，注意雷电预警信息的发布。

应留在家中，待天气情况转好才外出。在家时应检查门窗的紧闭性和牢固性，停止使用非必要的电源和火源，特别是不要使用无防雷装置或防雷装置不完备的电视、电话等电器，保障室内空间的安全性。特别地，如雷电交加时，应拉下室内电闸，使用备好的蜡烛、手电筒等照明用具。

如在户外，应冷静观察周围环境，尽可能躲入有防雷设施的建筑物或汽车内，不要停留在大树下、水边。

移动时要尽量降低身高，双脚并拢前行。不能使用用电的设备，包括手机、助听器、电子导盲仪、电动轮椅等。

> **特别注意**
>
> **心智障碍者** 闪电及雷鸣容易引起恐慌，家属 / 亲友应注意保护。

4.5 面对酷暑

4.5.1 类型

酷暑是指夏季天气到了非常炎热的阶段，伴随着高温、干燥等情况，容易有中暑的风险。

高温预警信号分为三级，分别以黄色、橙色、红色表示。黄色预警信号的含义是天气闷热，一般指 24 小时内最高气温将接近或达到 35℃或已达到 35℃以上；橙色预警信号的含义是天气炎热，一般指 24 小时内最高气温将要升至 37℃以上；红色预警信号的含义是天气酷热，一般指 24 小时内最高气温将要升到 39℃以上。

4.5.2 应对方式

外出前，应做好充分准备，带齐水、防晒用具（伞、帽子、太阳镜）和防暑降温药物等。衣物尽量选用棉、麻、丝类织品，少穿化纤类衣服，以免出汗不能及时散热。

避免频繁出入温差较大的室内外，以防诱发中暑。

出现中暑的症状时，应及时到阴凉处休息，使用防暑降温药物，并与监护人或可信任的人进行联络，寻求帮助。如身体仍有不适，建议拨打120进行求助。

> **特别注意**
>
> **言语残疾人** 中暑的求助较难进行，应尽量到阴凉处，合理接触同性别的路人，通过文字的方式进行求助。

4.6 面对暴雪

4.6.1 类型

暴雪是冬季的一种极端天气状况，会出现道路结冰和寒潮等情况，甚至会严重破坏交通通信和输电线路，造成较大的威胁。另外，外出更容易发生冻伤、滑坠、被雪掩埋、迷路等情况，风险较高。

暴雪预警划分为4个等级：I级、II级、III级和IV级。颜色分为蓝、黄、橙、红。具体发布标准如下：蓝色预警标准的含义是12小时内降雪量将达4毫米以上，或者已达4毫米以上且降雪持续，可能对交通或农牧业造成影响；黄色预警标准的含义是12小时内降雪量将达6毫米以上，或已达6毫米以上且降雪持续，可能对交通或农牧业造成影响；橙色预警标准的含义是6小时内降雪量将达10毫米以上，或已达10毫米以上且降雪持续，可能或已经对交通、农牧业造成较大影响；红色预警标准的含义是6小时内降雪量将达15毫米以上，或已达15毫米以上且降雪持续，可能或已经对交通、农牧业造成较大影响。

4.6.2 应对方式

暴雪来临前，应留在家中，关注天气预报以及当地官方发布的抢险救灾公告，检查房屋安全，特别需要考虑积雪压垮屋顶，因此也需要留意屋顶的安全问题。另外，准备好充足的食物和水，正确使用取暖设备，做好保暖措施。

如必须出门，需要注意全身的保暖，最重要的是头部及四肢的保暖，最好穿戴上厚手套、护膝、防滑靴等，并确保通信设备、导航仪、辅助器具等可以正常使用。

特别注意

言语残疾人 外出前还需要佩戴哨子等求救物品，以备不时之需。

肢体残疾人 暴雪及结冰容易导致滑倒；积雪厚度较大，可能出现轮椅使用不便的情况。应做好防滑措施，并预估雪量厚度，不建议独自出门。

5

其他情境残疾人安全防护要点

5.1 面对校园欺凌

5.1.1 认识校园欺凌

随着融合教育的发展，残疾人在适龄就学阶段可以选择随班就读或在特殊学校就读，但可能因为身有残疾而受到歧视，甚至欺凌。本节主要介绍校园欺凌的预防和应对，以更好地提升残疾人的人际互动能力。

校园欺凌是发生在校园内外，学生之间，一方（个体或群体）蓄意或恶意通过肢体、语言及网络等手段实施欺负、侮辱，造成另一方（个体或群体）身体伤害、财产损失或精神损害等的事件。

校园欺凌的形式包括肢体欺凌（推撞、拳打脚踢以及抢夺财物等）、网络欺凌（在网络发表对受害者不利的网络言论、曝光隐私以及对受害者的照片进行恶搞等）、言语欺凌（当众嘲笑、辱骂以及替别人取侮辱性绰号等）、社交欺凌（孤立、杯葛以及令其身边没有朋友等）等四种情况。

5.1.2 应对方式

遇到校园欺凌时，容易出现害怕和恐惧，甚至会出现社交退缩。在应对时，可以做到以下几点：

要相信向外界求助才是最好的解决办法，不能因为被恐吓而退缩。

及时、主动、积极地向可信的专业人士求助，包括家属／亲友、老师、学校、社会公益组织、执法机关等。

要正确认识欺凌事件，保护自己。受到欺凌并非自身的错，不能总在自己身上找原因，也不要向欺凌者低头或自责。

5.1.3 预防方式

校园欺凌应以预防为主，残疾人和家属／亲友应该共同努力，重视沟通。在预防上，可以做到以下几点：

在身体机能上，要坚持锻炼身体，提高身体素质。通过强身健体，保证自己不成为被欺凌的首选对象。

在心理层面上，要学会自信自爱。不因残疾感到自卑，将被欺凌的原因归结于自身，更不要认为被欺凌是自己的命运，一定要建立自信，正确面对欺凌事件。

在家庭支持上，要多与家长、老师和可信任的人沟通，交流、分享日常生活、学习状态，从各方面得到关注和支持。

在人际互动上，要学会团结同学，结伴而行。学会与其他同学交流，融入一个平等的圈子，提升校内支持。

5.2 面对就业场所风险

5.2.1 认识就业场所风险

残疾人就业保障是社会一直倡导和支持的重点工作，其中包括市场竞争性就业、庇护性就业和支持性就业等。以上均能够更好地促进残疾人的社会融入，使残疾人更好地进行社会康复。但是，职场环境的复杂性容易导致人际互动紧张，需要关注残疾人在就业场所的冲突问题。

残疾人的身体和精神状况存在复杂性和多样性，导致他们的人际互动也存在复杂性和多样性，无法确保就业场域内没有冲突，也无法确保他们有足够的能力理性处理冲突。因此，残疾人在就业场所的人际互动问题仍需要关注。

就业场所容易出现三类人际互动问题，一是口角和肢体冲突问题，二是性意识及性冲动问题，三是冷暴力和孤立问题。

5.2.2 应对方式

5.2.2.1 出现口角和肢体冲突问题

口角和肢体冲突属于容易被察觉的激烈冲突，这种冲突可以通过识别、应对和预防三个阶段进行介入。

在识别阶段，可留意身体情况、情绪状态、服药情况，并可根据身边突发事件（如天气、家庭重大事件和社区身边的重要事件等）进行预判。当个人情绪和状态与过往相差较大时，则需要重点关注和留意。另外，需要留意个体与个体、个体与群体、群体与群体之间的互动情况，在互动过程中某些小事日积月累，引发矛盾和意见分歧时，需要家属 / 亲友或职场主管介入处理，或做适当的隔离。

在应对阶段，应该注重保护自己，对暴力行为进行躲避或者正当防卫；同时，家属 / 亲友与职场主管也需要共同应对。如受伤较重，则有可能进行法律维权，通过司法途径处理。

在预防阶段，重在观察和沟通。这不只是职场主管的工作，也是残疾人自身及家属 / 亲友需要做到的事项；当发现问题和矛盾时，应提前进行有效沟通，避免问题和矛盾恶化，出现严重冲突。另外，为确保场域内的安全，职场场所内应定期清理刀具等锋利工具，避免发生暴力行为时造成更严重的伤害。

5.2.2.2 性意识及性冲动问题

就业场所里的残疾人大多处于青春期或适龄就业的年龄阶段，而这个阶段正是性萌动、性冲动和性成熟的阶段，他们也应该享有平等的性生活。但是当他们对于性的认识不足时，可能会出现不良的性行为，甚至引发影响身体健康的自慰、意外怀孕、性暴露等情况，因此相应的应对和处理不容忽视。

在识别阶段，残疾人对于性和人际关系的需求与普通人一致或类似，尤其对于心智障碍者来说，他们会显得更加直接和主动。当发现残疾人对异性或同性有超出一般社交的亲密接触，如抚摸隐私部位、偷窥、进入同个洗手间隔间等情况时，主管及家属 / 亲友应该及时制止，并了解其想法，由家属 / 亲友或专业人士进行性教育。

在应对阶段，当在场所内出现自慰、性交和性暴露等行为时，应该及时制止，并与双方当事人及家属/监护人进行正式面谈，维护双方在法律和监护上的权利。如果出现怀孕情况，应由双方家属/亲友进行协商处理。同时，如影响程度较大、经教育后改变不明显，主管可选择暂停该残疾人的就业训练服务，避免影响其他学员。

在预防阶段，需要留意场域内职工的年龄和性别分布，进行合理的分工和接触。必要时可尝试评估并开展相关的性教育，促进残疾人进一步认识自己、了解他人。

5.2.2.3 冷暴力和孤立问题

就业机会对于残疾人来说尤为重要，除了训练他们自力更生的能力，也有助于他们步入社会，参与正常的社会生活。因此，当残疾人在就业场域内受到冷暴力和孤立时，应该及时处理，避免影响其身心发展和日后的正常生活。

在识别阶段，残疾人在受到冷暴力和孤立的初期，容易沉默寡言，甚至不愿到就业训练的场地开展工作。此时，主管和家属/亲友应该多与他们进行沟通，了解详情。

在应对阶段，当出现冷暴力和孤立情况，主管和家属/亲友应进行及时处理和多方协调沟通，尽可能调解双方的矛盾，避免冷暴力上升为激烈冲突。

在预防阶段，避免冷暴力和孤立问题，重在鼓励残疾人参与群体生活。庇护性就业场所除了开展一系列就业训练外，应提供更多的文娱康乐服务，从而锻炼残疾人的群体生活技能和沟通能力。当发现残疾人不合群时，家属 / 亲友和主管应以鼓励的方式协助他们参与，促使他们获得成功的交友体验。

5.3 面对性侵

5.3.1 认识性侵

残疾人，特别是未成年残疾人，由于身体、心智及精神状态不成熟，容易受到不法侵害，这一问题需要特别提出和认真对待。

性侵是指施暴者以威胁、权力、暴力、金钱或甜言蜜语，引诱胁迫他人与其发生性关系，或在性方面造成对受害者的伤害的行为。

性侵的具体表现有很多种，包括言语侮辱、性骚扰、猥亵、强奸、性虐待、逼迫卖淫、进行色情淫秽表演等。

具体的行动包括言语性骚扰、抚摸或亲吻乳头和臀部、抚摸或亲吻性器官、他人暴露性器官和强奸等。

5.3.2 应对方式

保持理性和冷静，必须向家属 / 亲友和可信人士进行求助。在遇到侵害时，不要因受到恐吓或引诱而选择沉默和忍让，而是要勇敢地向可信任的人沟通和求助，避免受到再一次的伤害。

保护现场和身体，及时向公安机关报案。在遇到侵害后，应该把自身的安全和保护放在首位，并将客观事实告知公安机关，寻求法律保护。

家属 / 亲友或相关人士知悉情况后，有责任尽力保护和帮助残疾人。报案后，应该做好对残疾人的保护工作和信息保密工作，避免其再一次受到伤害。

5.3.3 预防方式

性知识和性教育的普及。不论是家长、学校还是社会，都需要重视适龄残疾人的性教育问题。由于有不同的残疾类别，且对于"性"的话题会有不同的认识和学习能力，因此性教育教材应该是多种多样的，针对不同类别的残疾人进行不同的教育。例如，心智障碍者需要低龄化的性教育教材，且需要家长、学校等共同反复教育，直至其有正确的性意识；而其他类别残疾人可以进行普适性的教育。同时，性教育还需要倾向于提倡自我保护，提供更多可行措施。

加强社会环境的保护和系统管理。社会、学校等系统均需要重视相关安全管理制度的落实，引导残疾人和相关人员学习相关保护法，更好地保护残疾人免受伤害。

完善法律法规，营造良好的社会氛围。为残疾人和普通孩子营造安全美好的环境，是社会上每一个人的责任和义务；特别地，社会应该不断加强对未成年人的关注，保证未成年人免受侵害。对于他们的保护，既要运用法律法规进行保障，也需要从政府单位、社会组织层面进行贯彻落实，帮助孩子们获得更健康和安全的成长空间。

5.4 面对诈骗

5.4.1 认识诈骗

诈骗手段多种多样，主要是通过盗取网络账号（微信、游戏账号等）、索取银行卡密码或者支付账号密码进行金钱的骗取。常见的有四种类型：

利用盗号进行诈骗。这种诈骗方式主要依靠盗用常用的网络账号，交友骗取钱财或冒充好友进行借钱。同时，也有通过网络游戏装备充钱交易进行诈骗的。

网络购物诈骗。通过多次汇款、收取定金或拒绝以安全支付方法进行购物的方式实施诈骗。也有部分网络诈骗依靠假链接、假网络骗取银行账号及密码，盗用银行卡账号获取卡内资金。

网上中奖诈骗。目前常有犯罪分子利用短信或传播软件向群众发布中奖信息。当当事人按照指定的电话或网站进行咨询查证时，犯罪分子则会以中奖缴税的方式让当事人进行一次次的汇款。

冒充政府机关或公安等诈骗。现时诈骗升级，犯罪分子会利用人对于司法的畏惧进行诈骗，冒充公职人员或公安等，要求当事人提供相关的证件和密码，盗取卡内资金。

不论何种诈骗手法，都以骗钱为最终目的。

5.4.2 应对方式

残疾人应对诈骗需要较多的协助，特别是家属 / 亲友的协助。因此，当发现自已被骗时，请尽快找到合适和可信的人进行沟通和求助。诈骗事件越迟进行处理，所遭受的损失可能会越大。

当发现自己被诈骗了，应第一时间到公安机关报案，并详细说明被骗过程。由于案情不一，警察会建议到银行、ATM 机或者登录银行官网冻结银行卡；此时应该尽快处理，避免诈骗犯对银行卡进行转账操作。

如果被骗钱的渠道是转账，建议尽快向警方提供诈骗犯的银行卡号，通过银行卡号获取该卡的相关信息，尽快将诈骗犯绳之以法。

5.4.3 预防方式

调整心态。"天下没有免费的午餐"，我们需要认识到不能奢望"天上掉馅饼"，因为贪心而被诈骗。

保护自身个人信息。由于目前网络较为发达，网络平台容易获取个人信息，不法之徒利用这些网络漏洞会盗用个人信息进行诈骗。因此平时需要注意对个人信息进行保密，定时对账号密码进行修改，避免点击非法和不安全网页、软件等。

从合法途径获取支持。如果发现个人信息泄漏且被不法分子使用，请及时报警，寻求合法、可靠的部门进行支援。另外，需要在手机上下载"国家反诈中心"App，预防诈骗犯通过手机进行诈骗。

关注日常新闻报道。通过官方渠道了解新闻信息，关注最新的诈骗案例，提升防范意识。

5.5 面对家庭暴力

5.5.1 认识家暴

残疾人由于身体或精神状态等原因，需要依赖家庭的照顾，在家庭中常处于弱势地位。同时，家庭经济、情绪、照顾、社会交往等压力容易使得残疾人家庭成员的关系紧张，产生家庭矛盾甚至上升至家庭暴力。残疾人应学会正确处理和应对家暴。

《反家庭暴力法》明确指出，"家庭暴力是指家庭成员之间以殴打、捆绑、残害、限制人身自由以及经常性谩骂、恐吓等方式实施的身体、精神等侵害行为"。另外，家庭暴力不局限于夫妻之间或形成共同生活关系的男女之间，对家庭其他成员实施的暴力也都包括在内。

通过对相关法律法规的学习，我们可以知道家庭暴力不只是一个家庭的家事，而是违法行为。《反家庭暴力法》还特别指出，学校、幼儿园、医疗机构、居委会、村委会、社会工作服务机构、救助管理机构、福利机构及工作人员，若在工作中发现无民事行为能力人、限制民事行为能力人遭受家暴或疑似遭受家暴，须及时向公安机关报告，公安机关要对报案人的信息保密。因此，家暴并非一个人面对的事情，而是需要整个家庭、整个社会共同应对的事情。残疾人可以及时借助社会资源进行应对。

5.5.2 应对方式

5.5.2.1 当受害者是残疾人

由于身体及精神状态受到限制以及对于监护人的依赖度较高，残疾人在遇到家暴时容易妥协或者选择忍让、隐瞒。但是这种应对方法不仅没有效果，而且容易让施暴者变本加厉，使得自身无法得到一个安全可靠的家庭环境。当遇到家暴时，残疾人应该这样处理：

受到家暴时，需要及时请求救援；如无法得到有效的援助，则需要及时保护头、脸、胸、腹等身体重要部位，免受危及生命安全的伤害。

逃离施暴者，远离有锐器的场所，例如厨房，以免施暴者用锐器伤人。

寻找可以获得支援的地方，可躲进有电话或有门窗的屋子，及时向邻居或路人求助，并将施暴者反锁在门外。

发生家暴时，应第一时间拨打 110，并保存出警记录。残疾人如无法出门或获取救援，可发送手机短信至"12110+ 所在城市电话区号后三位"进行报警求助。

不论施暴者事后如何求情，家暴只有零次和无数次，因此希望受害的残疾人可以下定决心，进行求助。

受到伤害后，需要及时到医院进行治疗，并留下施暴者家暴的证据资料，以便及时举报。

在公安机关、县级以上人民政府有关部门、司法机关、人民团体、社会组织、居民委员会、村民委员会、企业事业单位等的协助下，可以向法院申请人身安全保护令，以确保自身及相关亲属的安全。

5.5.2.2 当受害人是家属

鉴于生活中常出现心智障碍者伤害他人的事件，本书提出了"受害者是家属"的情况。虽然不是所有残疾人伤害家属的事件均为心智障碍者所为，也不是所有心智障碍者均会伤害他人，但家属受伤害的情况也时有发生，需要特别留意和保障自身安全。

除了上文提到的保障措施外，家属仍需要留意心智障碍者在施暴时的精神状态。如病情及服药不稳定，应及时寻求居委会、村委会、医院和公安机关进行"强制送院"的协助，这样既能确保个人生命安全（包括家属自身安全以及自身的就医保障），又能降低社区周边的风险系数。

参考资料

[1] 任能君，李祚山编著. 残疾人心理健康与调适技巧 [M]. 重庆：重庆大学出版社 .2009.

[2] 郭建模主编. 残疾人工作基本知识读本 [M]. 北京：华夏出版社 .2002.

[3] 赵悌尊主编. 残疾人康复咨询教材 [M]. 北京：华夏出版社 .2008.

[4] 中国残联残疾人事业发展研究中心，道略残疾人事业研究院编. 中国残疾人发展与社会进步年度纵览（2020）[M]. 北京：求真出版社 .2020.

[5]〔美〕查尔斯·H.扎斯特罗（Charles H. Zastrow），〔美〕卡伦·K.柯斯特－阿什曼（Karen K. Kirst-Ashman）著；师海玲，孙岳等译. 人类行为与社会环境（第 6 版）[M]. 北京：中国人民大学出版社 .2006.

[6] 迈克尔·奥利弗，鲍勃著. 残疾人社会工作 [M]. 北京：中国人民大学出版社 .2009.

[7]《社区安全知识手册》编写组编. 社区安全知识手册 [M]. 北京：煤炭工业出版社，2018.

[8] 国家安全生产监督管理总局信息研究院. 家庭安全知识

手册 [M]. 北京：煤炭工业出版社，2018.

[9] 北滘镇安全社区促进委员会编. 家庭安全实用手册 [M].

[10] 任洪主编. 老年人及残疾人安全防护常识 [M]. 北京：中国社会出版社，2006.

[11] 中华人民共和国卫生部，中国国家标准化管理委员会. 生活饮用水卫生标准（GB5749-2006）.

[12] 深圳市应急管理局. 深圳市家庭应急物资储备建议清单 [EB/OL].2020-10-13.

[13] 中国残疾人联合会编. 残疾人工作基本知识读本 [M]. 北京：华夏出版社 .2009.

[14] 国家减灾委员会办公室编. 老年及残疾人安全防护手册 [M]. 北京：中国社会出版社 .2006.

[15] 杨小梅编著. 日常生活中的 500 条安全常识 [M]. 广州：广东经济出版社 .2019.

[16] 孙黎明. 居民日常生活安全指南 [M]. 浙江教育出版社集团有限公司 .2018.

[17] 中国气象局. 气象灾害应急预案响应标准 [EB/OL].

附录：常用紧急求助方式

日常生活中遇到违法犯罪事件、险情、意外事故等，需要拨打相应的紧急求助电话，从而及时获得救援。如果残疾人，特别是听力和言语残疾人，对于拨打求助电话感觉困难，可以让身边可信任和更有能力的人帮忙。如果身边没有其他人，请先冷静情绪，然后根据提示拨打电话求助。需要注意，拨打紧急求助电话不是玩游戏，不能乱拨，无故拨打可能受到处罚。

1. 报警时需注意

一要果断。遇到需要紧急求助的事情，应迅速拨打求助电话，不要犹豫不决。

二要冷静。拨通电话后需要保持冷静，根据接线员提示提供必要信息，不要惊慌失措、发泄情绪。

三要真实。紧急求助需要实事求是、如实反映，以便工作人员做出准确的判断，采取合适的紧急措施。

四要清晰。求助时应当清晰提供个人信息、所在位置、现场情况、求助内容、伤亡情况等。

2. 报警求助 110

受理求助的范围：110 台主要是群众向公安机关报告涉及国家、集体或个人生命财产安全的紧急危难情况或进行求助的电话号码。例如发生溺水、坠楼、自杀等状况，需要公安机关紧急救助的；老人、儿童及智障人士、精神病患者等人员走失，需要公安机关在一定范围内帮助查找的；公民遇到危难，处于孤立无援状态的；涉及水、电、气、热等公共设施出现险情，威胁公共安全、工作、学习、生活秩序和自然人、法人及其他组织生命或者财产安全，需要公安机关紧急处置的；需要公安机关处理的其他紧急求助事项。

拨通报警电话后，需要保持冷静，根据民警的提示，说清楚求助情况、现场原始状态、犯罪分子或可疑人员的人数和特征、携带物品和逃跑方向等。拨打 110 时还需要提供报警人所在的位置、姓名和联系电话。

如无法通过言语表达来求助，可在短信里写清时间、地点、案情等信息，发送到"12110+ 所在城市电话区号后三位"，进行短信报警。

3. 火警拨打 119

受理求助的范围：在遇到火灾、危险化学品泄漏、道路交通事故、地震、建筑坍塌、重大安全生产事故、空难、爆炸、恐怖事件、群众遇险事件，水旱、气象、地质灾害、森林、草原火灾等自然灾害，矿山、水上事故，重大环境污染、核辐射事故和突发公共卫生事件时，均可拨打消防报警电话 119。

拨通火警电话后，需要保持冷静，根据工作人员的提示，说清楚失火的详细地址、何种物品着火、火势大小、有没有被困人员、有没有发生爆炸或毒气泄漏、着火范围等。拨打 119 时还需要提供报警人的姓名和联系电话。

4. 急救医疗 120

受理求助的范围：只要是在医院外发生急危重症，随时可以打 120 联系急救中心出动救护车。正常情况下，若在 20 分钟内救护车仍未出现，可再拨打 120。救护车出车，需要根据当地标准收取一定的费用。

拨通急救电话后，需要保持冷静，根据工作人员的提示，说清楚病人所在的详细地址、主要病情、已采取的救治方法。拨打 120 时还需要提供呼救者的姓名和联系电话。

5. 交通事故 122

受理求助的范围：122 是我国公安交通管理机关受理群众交通事故报警电话，指挥调度警员处理各种报警、求助，同时受理群众对交通管理和交通民警执法问题的举报、投诉、查询等而设的电话。

拨通求助电话后，需要保持冷静，根据工作人员的提示，说清楚事故发生的地点、时间、车型、车牌号码、事故原因、有没有发生火灾或爆炸、有没有人员伤亡、是否已造成交通堵塞等。拨打 122 时还需要提供报警人的姓名和联系电话。

残疾人安全防护实用手册

地　震　篇

中国残疾人联合会◎编著

华夏出版社
HUAXIA PUBLISHING HOUSE

图书在版编目（CIP）数据

残疾人安全防护实用手册.地震篇 / 中国残疾人联合会
编著. -- 北京：华夏出版社有限公司，2022.9
ISBN 978-7-5080-7592-1

Ⅰ.①残… Ⅱ.①中… Ⅲ.①残疾人—地震灾害—安全防护
—手册 Ⅳ.① X956-62 ② P315.94-62

中国版本图书馆 CIP 数据核字（2022）第 055542 号

参编单位及编写人员

地震篇

参编单位

中国残联研究室

中国残联残疾人事业发展研究中心

残疾人事业发展研究会

成都信息工程大学（受委托起草单位）

绵竹青红社工服务中心

中国社会科学院大学

成都培力社会工作服务中心

成都煜峰社会公益服务中心

北京市晓更助残基金会（受委托起草单位）

广州市同行社会服务发展中心

编写人员（按姓氏笔画排序）

马　威　邓　进　厉才茂　冯善伟　刘沛洁

李月珂　李　耘　张梦欣　陈　锋　陈　涛

日常生活篇

参编单位

中国残联研究室

中国残联残疾人事业发展研究中心

残疾人事业发展研究会

广州市同行社会服务发展中心

成都信息工程大学

编写人员（按姓氏笔画排序）

厉才茂　冯善伟　李耘　杨明宇　张梦欣

陈振弘　施雅　宾丽平　梁雪玲

前　言

　　我国一半以上的城市位于地震基本烈度7度及以上的地区，同时，在我国大陆发生的地震约占全球大陆地震总数的1/3。唐山大地震、汶川大地震等给人民的生命财产安全带来了巨大影响。发生地震时，残疾人因为各种障碍，比其他人群更容易受到伤害。虽然地震是无法控制和避免的，但是只要我们掌握自救互救技能，就能使灾害影响降到最低。

　　《残疾人安全防护实用手册·地震篇》是依据《中华人民共和国防震减灾法》《"十四五"残疾人保障和发展规划》等相关法规政策要求，借鉴国内外地震安全防护的先进经验，实地走访残疾人及其家庭、社区、社会组织、地方残联等相关主体编写而成，对于残疾人及其监护人、残疾人工作者等具有较高的参考价值。本书基于"预防为先、改善环境、增强能力、社会支持、强化保障、康复服务"的原则，尊重残疾人身体及功能障碍的影响，回应残疾人地震安全防护的特殊需要，以期增强残疾人及其家属对地震灾害的认知、预防、自助、互助意识与能力，强化政府、社会资源对残疾人在地震发生前、发生时、发生后的预防、减灾、救援、康复等支持功能。

能否减轻强烈地震的影响取决于地震前的预防和准备工作。本书所提供的指导方针或准则是针对所有残疾人的；当一项指令有所区分时，它会被单独指出，并注明相应的残疾类型。鉴于编写人员水平有限，错误之处在所难免，敬请广大读者批评指正！

目　录

附 录

1

地震知识及残疾人应对的特殊性

本章以帮助残疾人理解地震自然灾害、学习积极防灾减灾为目的，简要向残疾人及其监护人介绍地震发生的原理、应对地震灾害的经验与教训等基本知识，阐述因生理、心理、社会支持需要等方面的特殊性，地震灾害对残疾人及其家庭带来的诸多冲击与挑战，总结分享地震预防、灾害救助的相关经验，最后回归到抗震减灾、救援等社会支持系统对残疾人的保护与支持，以期增强残疾人及其监护人在地震灾害中自助互助的意识与能力，充分发挥政府、行业团体与社会组织在地震预防、减灾、救援过程中的功能。

1.1 了解地震

1.1.1 地震是一种自然现象

地震，一般是由地球板块之间的运动变化和相互作用引起的，在古代又被称为地动。它是一种自然现象，但通常不会像其他自然现象（如刮风下雨）那样有预警信号，而是往往突然发生；此外，它的持续时间短、释放能量大，平均持续时间约为 15 秒，但会对建筑物等造成重大损害。例如，里氏 6 级地震释放的能量相当于广岛原子弹爆炸，而里氏 7 级地震释放的能量将增加约 32 倍（详见附录）。

我国地震活动频度高、强度大、震源浅、分布广，是一个震灾严重的国家。我国的地震主要发生在五个区域的 23 条地震带上：台湾、西南地区、西北地区、华北地区、东南沿海地区。20 世纪以来，中国共发生 6 级以上地震近 800 次，遍布除贵州、浙江、香港以外所有的省区市。自 1900 年以来，我国死于地震的人数达 55 万人之多。可以说，地震及其他自然灾害多发是我国的基本国情之一。

1.1.2 抗震经验与教训

世界上许多国家和地区地震灾害频发，比如日本、新西兰、印度尼西亚、美国、智利、希腊等等。虽然存在年代、地域和历史文化等方面的差异，但各个国家和地区在应对地震灾害的实践过程中都形成了可资借鉴的抗震经验。以 2011 年日本"3·11"大地震为例，人们从中看到了日本相对完善的地震预警机制，如在大地震发生几分钟后，日本广播电台和电视台在第一时间播放地震震源信息和海啸警报，并用 6 种国际通用语言进行播报，同时播送了撤离和防御常识。同样，2008 年中国汶川大地震也考验了当地抗震救灾体系，客观上促进了地震预警、灾害救援、灾后重建的体制机制创新与发展。统一领导、全国动员、资源整合、对口支援、政策优惠、生命至上、社会参与，这是汶川地震灾害救援与灾后重建的宝贵经验。

　　每一次强震，在造成巨大灾难的同时，也给人类留下了深刻的教训。以唐山大地震为例：一是建筑的安全应该是第一位的；二是城市的"生命线"——交通要道、电讯线路的规划十分重要；三是城市绿地是城市的"救生岛"，在紧急避难、疏散转移中能发挥重要作用。汶川大地震是新世纪中国遭受的最强地震，给我们的主要启示有：首先，必须落实防灾减灾的"预防为主"方针；其次，必须提高地震危险性评估能力；第三，必须预防地震触发的大规模地质灾害（包括滑坡、崩塌、滚石），以及由此引发的其他次生地质灾害，如堰塞湖、泥石流等。而这也警示我们：必须提高学校、医院等公共建筑的抗震能力。

1.2 残疾人应对地震的特殊需求

1.2.1 地震对残疾人的影响

　　地震具有突发性、不可预测性和强破坏性，它带来的冲击和挑战是剧烈的、复杂的。地震发生时的房屋倒塌、道路中断、火灾水灾等会直接威胁残疾人的生命安全，也会给残疾人及其家庭带来直接的经济损失；部分智力和精神残疾人原本就因残障而存在心理负担，加之地震的伤害，可能造成更严重的心理创伤和精神刺激。地震引发的水灾、瘟疫等次生灾难也威胁着残疾人的生命健康。在地震救援和灾后重建期，由于生活场景变更以及生活设施遭受破坏，残疾人及其家庭同样面临着诸多不便与挑战。

1.2.2 残疾人应对地震的防护需求

在地震发生时，残疾人由于自身应急活动的限制与不便，其伤亡比例往往高于普通人。同样以日本"3·11"大地震为例，据日本厚生劳动省统计，地震中残疾人的死亡率甚至是普通人口死亡率的 2.5 倍以上；相关研究还发现，只有 20% 的残疾人在灾害发生时能够及时撤离，而更多的残疾人常常需要依赖他人的帮助与支持。

在应对地震灾害的时候，残疾人表现出较强的易受损性。他们的自救能力相对较低，视力或听力残疾可能会影响他们接收预警信息；智力或精神残疾可能导致他们不明白预警讯号的含义；轮椅使用者或肢体残疾人可能因疏散、撤离速度缓慢而遇到更大的困难与风险。如果在地震中遇险，他们还可能因自身功能的限制无法向外界发出求救信号而被忽略，耽误宝贵的搜救时机。

同样，在地震救援和灾后重建期，残疾人因为自身的弱势及社会支持的不足而面临诸多困难与挑战。总而言之，在地震预防和救助上，他们有着异于健全人的特殊需求，需要社会给予更多的关注与支持。

1.2.3 残疾人自我保护的原则

残疾人在地震灾害中的应对策略有异于常人，存在诸多困难和挑战。残疾人自我保护的首要前提是：必须确保第一时间获得地震预警信息。获取预警信息是基础，其次还要具备做出反应和避难的应急能力。部分残疾人能够根据讯息及时做出反应、主动避难，而一部分重度肢体残疾人和智力、精神残疾人则较难做出及时反应。

因此，在地震面前，即便是本能的自我保护，对于残疾人而言也是不小的挑战，需要具备必要且友好的环境支持条件。不过，无论是主动避难还是被动躲避，生命至上都应是残疾人及其家庭、社会和国家在灾难救助中应遵循的基本原则。

1.2.4 残疾人社会支持的关注要点

由于身心功能的限制、社会环境的障碍，残疾人在地震灾害中的诸多特殊需求容易被忽视，其易受损性亦高于普通民众；同时，地震灾难也可能加重其残疾状况，为灾后救援、过渡安置、恢复重建等工作带来各种挑战。总体来说，针对残疾人的社会支持是迫切需要的，而且在灾前预防、紧急救援、灾后恢复与重建各阶段都应给予充分的支持。

在灾前预防层面，强大而充裕的社会应急资源是提升地震应急反应综合能力的重中之重，可使地震造成的人员伤亡和经济损失减至最小，对社会的消极影响降至最低。因此，残疾人适用设施（如消防设施、残疾人专用无障碍厕所、无障碍应急通道、应急避难所、应急照明、特殊报警系统、急救设施、车辆、防震紧急隔离栅栏等）及物资保障（如防尘面具、帐篷、担架、药物、轮椅/拐杖、雨衣/雨鞋、水箱、手套、对讲机、防寒用品、防暑用品、消毒用品等）的完善显得至关重要。

在紧急救援阶段需要注意救援方式，不恰当的救援方式可能对残疾人的身体造成二次损伤，加剧其残障程度。此外，地震后的过渡安置点等处如果缺乏无障碍设施，残疾人可能无法有效使用，影响正常生活；发放救援物资也可能因为距离太远、沟通障碍等原因，无法及时让残疾人及其家庭受益。

在灾后恢复与重建阶段，由于残疾人及其家庭的自我复原能力较弱，加上自身功能障碍和可能的社会歧视，其谋生技能和经济能力普遍较低，震后恢复需要较长过程。在此阶段，如何保障他们的合法权益、提供有效社会支持？这是值得政府、专业机构、公益慈善团体等特别关注的议题。

2

震前预防

"宁可千日不震，不可一日不防。"经验告诉我们，当破坏性地震发生时，从人们发现地光、地声，感觉有震动，到房屋破坏倒塌形成灾害，一般只有十几秒，最多三十几秒，这段极短的时间叫预警时间。人们只要掌握一定的知识，事先有一些准备，又能临震保持头脑清醒，就可能抓住这段宝贵的时间，成功避震脱险。因此，残疾人及家属／亲友应根据自身的实际情况制定防震避震预案，这样才能在灾害来临时应对自如，为震时自救和互救创造条件。

本章主要立足于残疾人个体及其家庭、工作学习场所、社区等基本场景，本着为残疾人提供友好环境与政策支持，最大程度降低地震对残疾人伤害和生命至上的基本原则，从"排查空间隐患、备足灾害应急用品、组织个人支持网络、积极参与防灾减灾演练"等步骤入手，为残疾人及其家庭／组织提供预防地震灾害的实用知识与基本技巧。

2.1 排查空间安全隐患

地震中的晃动一般不会直接造成伤亡，大多数伤亡是由建筑物坍塌和构件坠落造成的。因此，排查空间安全隐患、增强环境韧性与地震预防能力显得尤为重要。

2.1.1 稳固室内物品

地震时室内家具物品倾倒坠落，往往是堵塞应急通道、致人伤亡的重要原因，因此家具物品的合理摆放在灾前预防阶段极为关键。为防止室内物品震时倾倒或坠落，应尽力做到以下几点：

①把悬挂的物品拿下来或设法固定住。

②把高大的家具（比如衣柜、书架、橱柜、电视柜）固定住，顶上不要放重物。

③组合家具要连接，固定在墙上或地上。

④尽量不使用带轮子的家具，以防震时滑移。

⑤橱柜内重的东西放下边，轻的东西放上边；储放易碎品的橱柜最好加门、加插销。

⑥阳台的花盆要放在安全（不会落下）的位置。

⑦使用液化石油气时，要用链条固定住煤气罐。

在自身身心条件允许且保证安全的情况下，残疾人可在家属或照顾者帮助下设法逐个排除这些隐患，妥善安置各类重物。若个人无力解除此类隐患，可向所在社区或政府相关部门请求援助。

2.1.2 腾空避震位置

一般而言，房屋倒塌后室内所形成的三角空间，往往是我们得以幸存的相对安全地点。由于地震发生突然、时间短暂，千变万化的各类风险容不得我们有太多的时间来思考如何躲避，所以我们应提前观察身边易于形成"生命三角"空间的位置，比如：

①床边、炕沿下、坚固家具附近；

②内墙墙根、墙角；

③厨房、厕所、储藏室等开间较小、有管道支撑的地方。

当然，在没有"生命三角"空间可供藏身的场所，无论如何也要用坐垫等遮挡物保护好头部。值得一提的是，附近没有支撑物的床、炕，周围无支撑物的地板，外墙、窗户边，以及有壁炉、壁柜和悬挂物的地方等，都不是好的避震场所。

"凡事预则立，不预则废。"智力残疾人、精神残疾人和视力残疾人可在家属 / 监护人的陪同下通过不断尝试与演练来巩固这些知识，毕竟关键时刻容不得瞻前顾后、犹豫不决。

2.1.3 畅通逃离路线

残疾人及其家属在日常生活中应保持室内外通道的畅通，以便在发生地震或次生灾害时快速疏散，避免疏散延误而造成人员伤亡。具体应注意以下几点：

①室内家具不要摆放太满，房门口、内外走廊上不要堆放杂物；

②易燃液体如油漆及清洁剂应储存于车库或室外储物室中（而不应该放在室内）；

③对于肢体残疾人来说，应为轮椅留足安全躲避空间和通行空间。

以卧室的布置为例

卧室的防震措施最重要。睡觉的时候人们的警觉性最差，如果发生地震，从卧室撤往室外的路线较长，因此按防震要求布置卧室至关重要。比如：①床的位置要避开外墙、窗口、房梁，摆放在坚固、承重的内墙边；②床上方不要悬挂吊灯、镜框等重物；③床要牢固，最好不用带轮子的床；④床下不要堆放杂物；⑤肢体残疾人若使用拐杖或轮椅，应尽量将其放置在床边，等等。

2.2 备足防灾应急物资

由于不知道地震发生的时候自己会在哪儿，所以最好在家里、办公地点以及交通工具上都准备一套抗灾装备。

2.2.1 家庭 / 工作场所

平时做好准备工作，可以将受灾程度控制到最小。当灾难发生时，很可能在 72 小时之内得不到任何救助。因此，至少要学会如何撑过这段时间。这时地震应急包就能派上用场。

地震应急包是在发生地震的情况下能够用来自救、争取救援时间的一种特殊应急包。地震应急包一般由防水夜光材料制成，其中的物品应根据地震中可能遇到的情形来准备，除了必备的饮用水和应急食品外，也应储备一些止血带、绷带、创可贴、消炎药等医药用品，以及一些生活用品和自救用品，例如挖掘瓦砾的小铲子、防护手套、手电筒，能了解外界信息的收音机、发出呼救信号的呼救器等。从现在开始，收集一些基本的必需品，并将其放在家里干燥的地方。这些物件包括但不限于：

表 2-1 地震应急包

饮用水	至少要按照每人每天 3.8 升水的标准备够 72 小时之用，并应考虑以下因素：个体需求量因年龄、体质、活动量、饮食、气候等而有差异；儿童、哺乳期妇女、病人需水量更大，高温天气会使需水量成倍增加，医疗紧急情况会需要更多的水。 提醒：储备的水要定期更换，确保可以饮用！
食品	准备一些不易腐坏的食品，可将其加入日常饮食，并定期补充储备。需要注意的是：不要选择那些容易让人口渴的食品，只储备无需冷藏、烹饪或特殊处理的食品，若有婴儿请准备好奶粉。
手电筒	黑夜里可以用来标识自己的位置。
急救药品	准备一些治疗感冒、肠胃病的药品以及包扎外伤的急救医药品。在一场毁灭性的地震之后，药房可能会关闭几天或无法获得所需药物。 提醒：精神残疾人以及其他日常服药的患者应备足个人常用药物！

续　表

带电池的便携式收音机	以便了解灾难危害程度以及与地震有关的其他信息。
口哨	以便通过哨声被救援队发现（言语残疾人尤为需要！）。
电池	包括正在使用的特殊设备的电池。
手机	方便时可以与外界获得联系。
大手绢	可以做绷带、止血带、头巾、过滤网、面罩……
手机的音频消息	以便在紧急情况下获得帮助（适用于言语残疾人）。
手写板	以便以书面形式给出指示（适用于听力残疾人）。
额外的手杖	尤为适用于视力残疾人、肢体残疾人。

小贴士：日本地震应急包

日本有一种地震应急包，里面的东西可以满足幸存人员的最低需求，以最大程度地延长等待救援的时间。它包括以下几个物品：

①棉线手套；

②应急的食物和水，都是罐头装，方便安全地长时间保存；

③用于照明的蜡烛、火柴或者应急灯；

④超薄保温雨衣，这种雨衣可以有效保暖，必要的时候还可以用来盛水；

⑤用来装所有应急物品的高强度尼龙袋。

其他可以选配的物品，还包括尼龙绳、高频哨子、防灾头巾、口罩、水壶、药品和收音机等等。

图 2-1　地震应急包示意图

2.2.2 交通工具中

2.2.2.1 汽车逃生锤

符合《公安部关于修改〈机动车驾驶证申领和使用规定〉的决定》要求并成功申领机动车驾驶证的残疾人，在驾驶残疾人专用机动车时遇到地震，可能遇到高空坠物导致车辆变形而无法打开车门。所以，平时应在车内配备一个逃生锤，在遇到地震时可用锤子敲击角落，车窗就会破裂，以便逃生。

2.2.2.2 便携式应急包

在发生地震后，黄金救援时间为 72 小时。但是如果三天不喝水，就会出现生命危险。因此建议在车内常备真空包装食品、饮用水。除此之外，最基本的心脏复苏用品、消毒止血包扎用品等急救物资（具体参照表 2-1）也是必不可少的。

2.3 组织个人支持网络

组织个人支持网络是为了更好应对强烈甚至灾难性地震而做的准备工作。支持网络成员建议从残疾人每天所在的场所（家庭、学校、工作单位等）中选择，他们不仅要值得信赖，更要了解残疾人的习惯，比如部分智力残疾人和精神残疾人的用药情况、部分肢体残疾人或听力残疾人专用器具的操作，等等。换句话说，残疾人的个人支持网络应该是一个强有力的志愿者团队，他们可以帮助残疾人制作防灾救助信息卡；可以帮助残疾人完善避难图，识别和清除所在空间的潜在风险；也可以与残疾人一起参与防震演习，观察、评估应急志愿服务的弱点，进一步优化逃生计划。

2.3.1 制作防灾救助信息卡

防灾信息救助卡也称"明白卡"，残疾人随身携带，以便紧急情况下能快速、准确地得到有效救助。救助卡的主要内容包括姓名、血型、报警电话、防灾救助中心电话、亲友电话以及发生地震灾害时的紧急应对措施小知识等（详见附录）。把它放在钱包里，遇到灾情时向救援人员出示，可以获得更有效的救援。

2.3.2 完善逃生避难图

地震会导致建筑物等位移、破损，使道路无法正常通行。在日常生活中，残疾人可与家属或社区工作者一起制作简明易懂的应急避难路线图，通过防灾救助演练、实地确认等方式熟悉地震避难路线，确保发生地震灾害时，残疾人及其监护人能安全、快速、准确地疏散逃生。在这一过程中，需要注意的是：

听力残疾人：应考虑到疏散中心这样的嘈杂环境可能会干扰助听器，需要事先确定并测试接收警报和疏散信息的多种方式。

视力残疾人：地震会导致物品掉落和家具移位，日常所用的室内外熟悉地标可能会移动或被摧毁，一般的声音线索无法获得而迷失方向，即使有导盲犬之类的动物也会因受伤或害怕而不敢工作，所以在设置逃生路线时一定要考虑多方面因素。

智力残疾人：如果在理解、记忆或学习方面有困难，需要多次与个人支持网络成员进行交流、演练逃生路线。

2.3.3 协助制定灾前防护方案

残疾人支持网络成员要主动了解地震防护知识，结合实际情况为残疾人提供具有针对性、可操作性的指导，并与残疾人一起讨论地震时的应急计划，协助完成个人评估（震前、震中及震后可能需要的准备和帮助），最后在地震应急防护方案上达成一致意见。具体内容可涉及：

①学会使用各类逃生工具。房屋门窗可能会因地震的晃动而错位，出现一时难以打开的情况，家中应常备梯子、绳索等逃生工具，并在日常学会如何使用。

②学会灭火。地震时可能出现不能依赖消防车来灭火的特殊情形，所以残疾人及其监护人在关火、灭火上的努力，将直接影响到能否将震后次生灾害——火灾控制在最小程度。为了能够迅速灭火，残疾人在日常生活中应根据自身身心条件，将灭火器、消防水桶经常放置在离火源较近的地方；身心条件不允许的残疾人，可由家属将灭火器、消防水桶放置在离火源较近的地方。

③做好震时应急分工。在地震来临时，残疾人往往因为移动速度慢而耽误最佳躲避或逃生时机，因此，残疾人个人支持网络成员要在平时防震避震预防中做好分工，明确个人准则与任务，以免发生真实地震时手忙脚乱。

2.4 积极参与防灾减灾演练

地震很可怕，然而更可怕的是我们在地震面前的无知与惊慌失措。大规模的紧急疏散演习更有助于做好预案、规避风险，更能帮助人们及时逃避灾难。因此，我们鼓励残疾人及其家属／亲友一同参与防灾减灾演练。一个很好的例子来自紧邻重灾区北川的安县桑枣中学。在汶川大地震发生时，2000多名学生和老师按照平时的演练快速疏散，无一伤亡。

智力残疾人、精神残疾人由于生理、心理的功能限制，可能不能全面参与地震防灾减灾活动，但也可以积极参与社区防震减灾训练的研讨和筹划，一方面熟悉地震灾害识别系统，学习掌握正确的紧急避难、疏散逃生、等待救援流程，培养和提升防震减灾参与意识与基本技能；另一方面也可以让残疾人家属和社区 / 组织在实际演练中发现更多突发问题，做好全方位的准备。

2.4.1 发现潜在安全隐患

为有效预防并减轻地震灾害，残疾人及其家属可参照国家标准《建筑抗震鉴定标准》（GB50023-2009），定期检查房屋有无裂痕等异常状况，发现异常情况应及时向政府有关部门报告，尽快采取防护补救措施，减少地震灾害隐患。

排查地震隐患主要通过巡视房间、公共空间，比如对教学楼和宿舍楼的抗震能力、周围的环境，室内水、电、煤气等设施的状况，各类物品的存放条件，疏散通道是否畅通等，根据常识和预见找出隐患，设想地震时房中会发生什么。一些可能的隐患有：

①那些又高又重的家具可能会倒塌，比如书架、瓷器柜，或是定制的组合柜；

②各种器物有可能发生移动，扯坏煤气管或电线；

③橱柜或其他柜子的插销可能无法在剧烈晃动时保持门的紧闭；

④放置在开放架或高处的易碎品或重物可能会坠落砸碎，比如悬挂的较重的盆栽、床上方较重的相框或镜子，等等；

⑤易燃液体（比如油漆、清洁剂等）应储存于车库或是室外货棚中。

总之，残疾人应与个人支持网络合作，讨论周围环境中的潜在危害，突出显示并尝试消除空间中的一些危险。

2.4.2 建立邻里互助协作机制

灾难性地震的发生必然会带来区域性的功能瘫痪，消防车、救护车不可能随叫随到，邻里间的互助协作更显力量。所以，在震前预防阶段就需要建立起社区内部的互助协作机制，提升社区成员的行动能力，实现地域相互支援的网络化。

在互助机制形成的过程中，居民之间可以相互沟通、学习并掌握基本的医疗救护技能，如人工呼吸、止血、包扎、搬运伤员和基本的护理方法等；也可以适时进行社区应急演习，以发现弥补避震措施中的不足之处，减少地震危害；还可以确定疏散路线和临时的避震地点以及政府规划的地震应急避难场所，要做到畅通无阻；也可为震后恢复做足准备，以防手忙脚乱，延误最宝贵的生命救援时间。

3

震时逃生

"天下难事，必作于易；天下大事，必作于细。"自救互救知识的缺乏是地震灾害造成人员伤亡的主要原因，震后顺利逃生需要一套系统、连续的系列行动，每一环节的动作和原则都需要我们给予足够的重视。

对生命的尊重和珍视是人类社会永远不变的追求，本章将聚焦地震发生的初始阶段，重点介绍残疾人在居家、工作、外出等不同场景下如何科学逃生，为残疾人及其家属（包括临时互助人员）提供基本的知识技能准备与应急策略。

3.1 伏而待定，就近避震

3.1.1 预警获取与传递

地震预警信息的获取：听力残疾人一般可通过关注电视字幕警示、彩色警示灯、特殊报警器（如声光报警器、震动装置等）等，及时获取政府发布的地震灾害信息。至于智力和精神残疾人，可采用政府部门通知监护人或者社区工作人员以及社会服务机构员工的方式，帮助他们及时获取政府发布的地震灾害信息。

受灾信息的传递：一般可直接呼救、吹口哨或借助敲击硬物发出声响；手机拨打 110、120、119 求救电话；言语残疾人可以通过按响警铃，听力残疾人可以通过彩色警示灯、特殊报警器（如震动装置）、平安钟等传递受灾信息（见图 3-1）。

图 3-1　警铃、彩色警示灯、特殊报警器、平安钟示意图

受身心状况限制，智力残疾人、精神残疾人应急能力不足，无法有效采取应急措施，也无法顺利表达求助需求。他们面对地震时主要依靠其家属等照顾者帮助，受灾信息的传递更多依赖于监护人或者社区工作人员，所以其监护人员更应在日常生活中学习掌握地震灾害的防护和应急处理的知识与技巧，强化风险危机意识和防灾应急能力。

3.1.2 预警反应与行动

古人在《地震记》里曾记载："卒然闻变，不可疾出，伏而待定，纵有覆巢，可冀完卵。"地震发生时，首先要保持冷静，快速判断自己所处位置和震动状况，一般可以利用地面上下颠簸和左右摆动的时间间隔，判断远震和近震；结合震感和地声特征判别地震的强烈程度，迅速决定应急措施（详见附录）。国内外专家普遍认为，震时就地避险，震后迅速撤离，是应急避震的基本准则。当然，如果身处平房或楼房一层，直接跑到室外安全地点也是可行的。

　　为什么地震瞬间不宜夺路而逃呢？这是因为：①现在城市居民多住高层楼房，根本来不及跑到楼外，反倒可能因楼道中的拥挤践踏造成伤亡；②地震时人们进入或离开建筑物时，被砸死砸伤的可能性最大；③地震时房屋剧烈摇晃，造成门窗变形，很可能因打不开门窗而失去逃生的时间；④大地震时，人们在房中被摇晃甚至抛甩，站立和跑动都十分困难，对于肢体残疾人、智力残疾人和精神残疾人而言，快速移动的障碍可能比意料得更多。

　　总的来说，地震来袭的瞬间，首要的是保持冷静，在此基础上的以下行动（伏地—遮挡—抓牢）可以有效降低受伤概率：①伏地：为防止跌倒，请双手和双膝伏地，必要时仍可移动（如果无法伏地，应当抱住身体，护住自己的头部和颈部。如果坐在轮椅上，应当刹车并护住自己的头部）。②遮挡：用双手和双臂护住头部和颈部，如有可能，应当躲在稳固的墙壁附近、餐桌或书桌下面。③抓牢：牢牢抓住遮蔽物，直到地震停止。

小技巧

　　在躺椅上或床上：俯卧，用手臂或枕头盖住头部和颈部，直到摇晃停止。

　　使用拐杖：俯卧、掩护并坚持住，或坐在椅子或床上，用双手捂住头部和颈部，将手杖放在附近。

　　使用轮椅或助行器：锁定轮椅的轮子，小心地尽可能降低身体姿态。

3.2 因地制宜，安全避震

本部分将立足于不同残疾状况者面对地震灾害时的情景，给出具有可操作性的应急措施与实用技巧。

3.2.1 不同建筑类型的防护提示

3.2.1.1 在低矮楼 / 平房

地震发生时，如果所处的是平房或楼房一层且室外比较开阔，可以力争迅速跑出室外避震；如果是楼房二层或以上且室内避震条件和建筑质量较好，首先要选择室内避震，因为地震时震动时间短、强度大，人往往无法自主站立，很难迅速从楼内跑到室外。

其次，应优先选择躲避在室内的卫生间、储藏室、浴室等开间小，有承重墙或支撑物的地方，或者坚固的桌子、床、茶几、沙发等家具旁，这些地方在房屋垮塌时容易形成三角空间。在此基础上，要迅速伏地趴下，尽量蜷曲身体、降低身体重心、低头，用棉被、枕头、衣服等护住头颈，不要压住口鼻，要抓住身边牢固的物体防止摔倒或身体移位。此外，在地震之中应远离外墙、门窗和阳台，这也是至关重要的；与水泥墙相比，砖混楼更容易坍塌，地震发生后，住在砖混老楼里面的人应更主动地寻找机会，迅速撤离。

图 3-2　平房防护示意图

特别注意

①室内坠物危险：因为平房内空间狭窄，屋内东西多且多放置于高处，地震时很容易坠落造成伤害。

②谨防断电线：平房区电线零落，地震时火灾发生率特别高，尤其要防。

③街道危险：平房区胡同内路面狭窄，四处皆是自建房，倒塌的房屋可能把路面覆盖住，逃生之路并不顺畅。

④切忌逃出后又返回取财物。

⑤低楼层也不能跳楼。住在一、二层楼也不要选择跳楼逃生，跳楼不仅会造成骨折，还可能被高处坠落的重物砸伤。

⑥一定要按顺序逃离。2008 年汶川地震现场救援时发现，一些人是在过道、楼梯或者屋门口附近遇难的。这表明地震时人们外逃，但还没到达安全地点就被倒塌的房屋掩埋。

3.2.1.2 在高楼层

震时要保持冷静，震后走到户外避震，这是国际通行避震规则，在高楼层的残疾人及其家属/亲友也要遵守。国内外许多起地震实例表明：地震发生的瞬间，人们在进入或离开建筑物时，被砸死砸伤的概率最大。因此专家告诫，室内避震条件好的，首先要选择室内避震；如果建筑物抗震能力差，则尽可能从室内跑出去。在此过程中不可跑到楼道等人员拥挤的地方去，不可跳楼，不可使用电梯；震时若在电梯里应尽快离开，若门打不开要抱头蹲下。另外，要立即灭火断电，防止烫伤、触电、发生火情。

避震位置至关重要。住楼房避震，可根据建筑物布局和室内状况，审时度势，寻找安全空间躲避。最好找一个可形成三角空间的地方，暖气管道即为一例，蹲在旁边较安全。暖气的金属管道承载力较大，且具有网络性结构和弹性，不易被撕裂，即使在地震大幅度晃动时也不易被甩出去；暖气管道通气性好，人员不容易窒息；管道内的存水还可延长存活期。更重要的一点是，被困人员可采用击打管道的方式向外界传递信息，而暖气靠外墙的位置也有利于最快获得救助。

此外，要注意远离高层楼的窗户。地震时，高层楼面向马路的那面墙很不稳定，窗户很容易坠落。现在的楼一般都是框架式结构，砖起到的作用是隔风隔雨，但不承重。同样，也务必不要靠近水泥预制板墙、门柱等躲避。在1987年日本宫城县海底地震发生时，由于水泥预制板墙、门柱的倒塌，曾有多人死伤。

3.2.2 室内逃生策略

地震预警时间毕竟短暂,室内避震更现实。而室内房屋倒塌后所形成的三角空间可以保护身体的重要部位,往往是人们得以幸存的相对安全地点。下面结合具体场景一一展开说明。

3.2.2.1 在家里

3.2.2.1.1 在卧室

当地震来临时,若在床上,请不要下床。俯卧以保护重要器官,并用枕头盖住头部和颈部,使手臂尽可能靠近头部,双手抱住头部和颈部,留在原地直到震动停止,这样可以避免因坠落和破碎的物体而受伤。其他需要注意的有以下几点:

图 3-3　肢体残疾人卧室场景防护示意图

①避开头上的悬挂物：要选择上面没有悬挂物、附近没有电源插头的地方，以防悬挂物落下砸伤及电源线着火引发次生灾害。

②把门打开：躲藏地点离门近点，门最好打开，可以背靠在门框上，手抱头，待地震结束时准备随时转移。

③千万别钻床底下：床底能躲不能逃，并非最佳躲藏之处。

④衣柜绝不能进去，容易发生倒塌造成柜门封闭，难以出来。

小技巧：睡觉时哪些物品应放在床头边？

在地震预防阶段，应该在卧室放以下物件：

①手机，方便紧急时刻对外联络；

②手电筒，夜间／停电时刻用来探路；

③近视眼镜（如果是近视眼）；

④拐杖／轮椅（若是肢体残疾人）。

此外，如有必要，可准备一个自用的防震包（详情见表2-1），但一定要放最重要的东西。

3.2.2.1.2 在客厅

客厅是重要转移地带，逃生用具一般会放在其中的明显处，方便各个房间的人拿起就跑。在地震开始引起晃动时，除了基本的"伏地—遮挡—抓牢"之外，也要用眼罩保护眼睛，以防异物伤害；用湿毛巾捂住口鼻，以防尘土或毒气。注意：在巨大晃动停止之前不要乱动；地板上可能会有玻璃碎片，在室内行走一定要穿上鞋子。待晃动停止后，迅速将煤气和取暖器等熄灭，切断电路总开关，以防止火灾。

图 3-4　客厅场景逃生示意图

在客厅避震时，肢体残疾人应尽力躲避到门下或墙角处；如使用轮椅，需尽快固定轮子，以防轮椅不受控制地滑动，发生意外。然后用手或其他软质随身物品（如随身携带衣物、手提包、背包等）保护头部，避免被坠落物品砸伤。智力残疾人和精神残疾人应在家属带领下，按照震前准备做好必要的防护。

案例分享

王哥是一位因患小儿麻痹症而手脚瘫痪的中年人，日常行动依靠拐杖。汶川大地震发生时，王哥一人正在杂货店经营生意。剧烈地震来袭，杂货店房间晃动剧烈，水泥预制板块掉落，情况十分危急。王哥因为手脚不便，无法迅速跑出房间逃向安全地带，因此他根据自身身体情况，顺势侧卧在旁边用来休息的床的下面，并迅速拉扯被褥护住头部，最终成功获救。

3.2.2.1.3 在厨房

一般来说，厨房为建筑物主构架支柱所在，相对稳固牢靠，而且有水、毛巾、食物等，若被困可维持生命，等待救援人员出现。但在厨房要注意以下几点：

①地震发生时，若正在使用燃气，应在第一时间关闭燃气总阀门并切断总电源。地震容易使天然气管道破裂而释放天然气，厨房电路若短路易引发火灾。

②关火与灭火：摇晃时立即关火，失火时立即灭火。地震时关火的机会有两次，第一次是在大的晃动来临之前、发生小幅度晃动之时，应根据自身身心条件即刻关火；第二次是在大的晃动停息的时候，即使发生失火的情形，在1—2分钟之内还是可以扑灭的。

3.2.2.1.4 在卫生间

相对家里其他位置而言，卫生间内最为安全。一般而言，当地震时，尺度越小的房间越安全，尺度越大则震动越大、越容易倒塌。首先，卫生间的墙多是承重墙，房顶坠落物少；其次，水源很重要，守着水源是卫生间的一大优势。当然，切记莫扎堆，卫生间只是相对安全，家庭成员分散躲藏可以增加生存概率。

3.2.2.2 在学校

在地震开始时，无论教室是楼房还是平房，同学们都要在老师的指挥下，迅速躲在各自的课桌下就地避震，应顺手抓住书包（或坐垫）来保护头部，并要注意避开窗户及外墙等危险地带。千万不要慌乱拥挤外逃，而要待地震过去后，在老师带领下有组织地疏散。

若是上实验课，正在做实验的教师和学生要立即切断电源、火源，关闭水阀、气阀，迅速妥善处理完手中和桌上各种化学实验品（特别是易燃、易爆和有毒药品、试剂），应躲在实验桌下或墙根处就地避震，避开玻璃橱窗、药品陈列架等危险位置。

若是在操场等开阔的地方，可原地蹲下保护头部，同时要注意避开高大建筑物或危险物；震时千万不要回到教室去，不要乱跑乱挤。待地震过去后，再按老师的指挥行动。

视力残疾人可通过听觉感知警报，及时获知地震灾害信息。但由于看不到危险来自什么方向，也无法借助疏散指示标志撤离危险区域，视力残疾人需要在他人的协助下安全疏散。

肢体残疾人如用轮椅，需要迅速将轮子锁住，然后用双手或书包保护自己的头部，待地震过去之后由老师统一、有秩序地疏散至操场等空旷安全地带。

3.2.2.3 在工作单位

3.2.2.3.1 在会议室或办公室内

应迅速关掉电源，就近选择会议桌或办公桌下、坚固的办公家具旁、事先建立的安全区避震，并密切关注震情，以防止和应对次生灾害的发生。

3.2.2.3.2 在工厂上班时

要立即关闭机器，切断电源，然后躲避在车床、机床等高大设备旁。如处于特殊部门，首先要关闭易燃易爆、有毒气体阀门，关闭设备后躲避在安全处。

3.2.2.4 其他

3.2.2.4.1 在购物中心/商店/书店/展览馆

地震来临时，如若在商场，首先要选择在结实的柜台、贩卖机或柱子边以及内墙角等处就地蹲下；其次，用手或其他物件护头，并避开玻璃门窗、玻璃橱窗或柜台，避开高大不稳或摆放重物、易碎品的货架，避开广告牌、吊灯等高耸或悬挂物；第三，购物车、货架可以提供一些保护，要抓住坚固的东西；最后，最重要的是，人多的场所一定要听从指挥，不要擅自行动、盲目避震，这样只会招致更大的不幸。

肢体残疾人在公共场所时应注意所在场地的无障碍设施位置，比如无障碍通道（路）、电（楼）梯、洗手间（厕所）、席位，按照指示牌标识的专用通道逃生，有序撤离。

3.2.2.4.2 在影剧院、体育馆

要在第一时间就地蹲下或趴在排椅下，注意避开吊灯、电扇等悬挂物，用书包等物件保护头部；若是被挤入人群，要将双手交叉放在胸前（切勿双手插在口袋里），跟随人流移动。等地震过去后，听从工作人员指挥，有组织地撤离。

视力残疾人在参加公共活动时发生地震灾害，可根据特殊报警信号，找到墙面设置的触摸式信号系统或者设有盲道的通道系统进行避险和疏散，也可在引导员（在发生地震灾害时，公共场所的服务人员可以转变为引导员）的协助下进行紧急疏散，过程中要尽量避开人流，选择安全的避震逃生路线。

图 3-5　影剧院场景防护示意图

3.2.2.4.3 在宾馆

残疾人应尽快打开房门、卫生间门，预留逃生通道，并切记拿好手机、食物和水，躲到内墙／隔墙墙角并蹲下（宾馆隔墙一般都是承重墙），或者躲到写字台下面、靠窗的床底下。

小贴士

切记，宾馆卫生间的隔墙不是承重墙，倒塌时可能被砸到！

地震过后，若判定有逃生机会且地震前留意了安全通道，就可以从那里撤离；如果不知道安全通道，就从最熟悉的路径逃生，切记不能坐电梯，应走楼梯。

3.2.3 户外逃生策略

3.2.3.1 在交通工具中

3.2.3.1.1 在驾驶车辆时

在城镇中：在车流量较大的城镇路面驾驶车辆时遇到地震，应尽快平稳地减速停车，并尽快下车，选择两车中间位置抱头蹲下。

在山路中：在狭窄崎岖的山路中驾驶车辆时遇到地震，应尽快减速停车，打开双闪警示灯，用双手、衣物、手提包、背包等尽快保护住头部，并尽快下车寻找开阔地躲避逃生，切记不要停留在车内。

在隧道中：如果驾驶车辆时突然遇到地震，切勿驶入隧道。如果已在隧道内，请视以下不同情形采取相应自救措施：①离隧道口较近时，应尽快减速停车，在保护好头部的前提下尽快撤出隧道；②在隧道深处时，应尽快减速停车，用双手、衣物、手提包、背包等保护住头部；③不幸被埋压在隧道中时，可以采用敲击坚硬物品等方式向外界发出求救信号，为节约体力，可每分钟敲击 6 次，然后停顿 1 分钟，不断重复。

在桥梁、堤坝上：如果驾驶车辆时突然遇到地震，切勿驶上桥梁、堤坝。如果已在桥梁、堤坝上，请视以下不同情形采取相应自救措施：①即将驶上桥梁、堤坝时，切勿慌张，应尽快减速停车，离开桥梁、堤坝，向远离桥梁、堤坝的空旷安全地带逃生。②已在桥梁、堤坝上时，切勿慌张，应尽快减速停车，寻找最近的安全出口离开桥梁、堤坝，向空旷安全地带逃生。

切勿盲目从高处跳落，一旦摔伤腿脚，下一步的求生行动就会更加困难。③在人迹罕至、空旷的野外，应尽快减速停车，并尽可能发出求救信号，如打开双闪警示灯，点燃干草、树叶使其冒烟冒火等以引起别人的注意。在确保路面未出现裂纹或鼓包的情况下，也可缓慢开车寻找人多的地方，获得更多被救机会。如果路面出现裂纹或鼓包，车辆无法继续行驶，切勿拔下车钥匙和锁车，最好打开车门和收音机，随时获取外界消息。

3.2.3.1.2 在乘坐轻轨 / 火车 / 高铁时

若在乘坐轻轨 / 火车 / 高铁时遭遇地震，应躲在座位附近，紧紧抓住座椅，降低重心，并迅速用手或其他软质随身物品（如随身携带衣物、手提包、背包等）保护头部。肢体残疾人如果坐在轮椅上，应迅速将轮子锁住，并在有关工作人员的指挥下

图 3-6　轻轨场景逃生示意图

有秩序地从车门撤离。具体操作如下：

①迅速趴到座椅下，抓住座椅的钢管。

②如果车辆还在行驶中，背朝行车方向坐时，应两手护住后脑部，并抬膝护腹、紧缩身体，做好防御姿势；面朝行车方向坐时，应用双脚蹬住对面的座椅，将胳膊靠在前座席的椅垫上护住面部，使身体固定。地震过后，车停下来再下车。

③车停下来后，在有关工作人员的指挥下有秩序离开并向开阔地转移。

3.2.3.1.3 在公交车/公共汽车/旅游大巴上时

若在乘坐公交车时遭遇地震，应抓住吊环和扶手避免摔倒，待公交车停下时，请勿打开紧急锁轻易地走出车外或跳出窗外，应根据乘务员的指示沉着冷静地避难。

如乘坐公共汽车/旅游大巴，应躲在座位附近，紧紧抓住座椅，降低重心，保护头部。待地震过后，应提醒司机尽快将车驾驶到开阔路段，最好是两边没有高山峭壁的区域。待车停在安全位置后，带好食物和水等，依次有序下车，等待救援。

3.2.3.1.4 在乘坐轮船时

在乘坐轮船时发生地震，因地震波横波不能穿过液态水，通常感觉不到左右摇晃，只会感到上下颠簸。这时应该：

①逃离至甲板，迅速拉住固定物，防止摔伤

发生地震时，应尽快穿好救生衣，按各船舱中的紧急疏散图示方向和工作人员的指挥，利用内梯道、外梯道和舷梯，向甲板的出入口逃生。在逃离至甲板后就近拉住固定物，切勿乱跑，以免影响船只的稳定性和抗风浪能力。

图 3-7　轮船场景逃生示意图

②因地震发生火灾时，听从船上工作人员的指挥

因地震发生火灾且火势蔓延、封住走道，来不及逃生，可关闭房门，不让浓烟火焰侵入。乘客应听从指挥，向上风向有序撤离。撤离时，可用湿毛巾捂住口鼻，尽量弯腰、低头，尽快远离火区。

③因地震发生沉船时，听从船上工作人员的指挥

因地震发生沉船，在听到沉船报警信号（一分钟连续鸣笛 7 短声、1 长声）时，应尽快穿好救生衣，按各船舱中的紧急疏散图示方向和工作人员的指挥，利用内梯道、外梯道和舷梯，向甲板的出入口逃生，并以安全的方式离开。如果落水，应尽快远离出事船只，因为下沉的船只会造成漩涡，把人卷入其中。

④因地震发生落水或因沉船主动入水后

落入冷水时，应利用救生背心或抓住沉船漂浮物，尽量避

免头颈部浸入冷水，同时尽量保暖几个高度散热的部位（腋窝、腹股沟和胸部），如身心条件允许，可在水中将双手在胸前交叉，双腿向腹屈曲。如果有几个人在一起，可以挽起胳膊，身体挤靠在一起，以保存体热。这样可在一定程度上减轻进入冷水时的不适感。

在没有救生背心、抓不到沉船漂浮物以及离岸边的距离较近时，应根据身心条件，考虑自己游泳上岸。

3.2.3.2 在地质危险区

发生地震时，如果在野外，应尽快避开水边，如江边、河边、湖边、水库等，以防河岸坍塌而落水；还应避开地质危险区域，如山脚下、陡崖边，以防发生次生地质灾害；如遇山崩、滑坡、

图 3-8　震时野外逃生示意图

泥石流等，应见机行事，向与飞石、滚木、泥石流等物体前进路径垂直的方向尽快躲避，也可躲在坚固结实的遮蔽物下或蹲在地沟、坎下，特别注意要保护好自己的头部。

3.2.3.3 在海边

越高越好、越远越好：在海岸边有遭遇海啸的危险，感知到地震或听到海啸警报的话，要尽快向远离海岸线的地方转移，以避免地震引发的海啸的袭击，往高处跑，越高越好。如果海啸时在船上，那么就随船往深海走，因为海啸是越靠近海边越危险。

3.2.3.4 在矿井下工作

①不要慌乱地向井口拥挤，往外面逃生；
②不要站在井口、井内交叉口、井下通道的拐弯处；
③应在有支撑的巷道内避震，地震过后迅速撤离矿井。

3.3 科学疏散，谨防余震

破坏性地震发生后，被埋压人员得到迅速、及时的抢救，对于减少震灾死亡意义重大。根据有关资料，地震后半小时内救出的被埋压人员生存率可达95%，24小时内救活率为81%，48小时内救活率为53%。由此可见，地震后及时组织自救、互救是非常重要的。对埋压者来说，时间就是生命。

3.3.1 必要时立即疏散

地震主震持续的时间很短，但余震很快接踵而至，可能非常强烈并造成更大的灾难。因此，在主震之后，应带上基本用品镇定地走出建筑物，去预先确定的开放安全的空间。如果因肢体残疾或其他原因不可移动，可以以预定的方式联系支持网络成员，以便立即获得帮助。在这一过程中，应该注意：

①避免使用电梯，因为强烈地震后经常停电；

②不要触摸街上掉落的电线，否则有触电的危险；

③只听取有关机构的通知，不要相信谣言；

④远离电线杆和围墙，向开阔区域躲避；

⑤务必步行避难，勿使用汽车、摩托车、自行车等交通工具；

图 3-9　震后疏散示意图

⑥只带必要的应急物品；

⑦如果有残疾人证，需要特殊救助服务，请立即出示；

⑧如果被困或受重伤，请使用口哨或其他方式向其他人或救援队寻求帮助。

3.3.2 自救：不幸被困时

强震过后，若不幸被困，首先要稳定生存空间、保存体力、克服恐惧。大地震中被倒塌建筑物压埋的人，只要神志清醒，身体没有重大创伤，都应该坚定获救的信心，要千方百计保护自己。

3.3.2.1 保持呼吸畅通

设法将双手从倒塌物中抽出来，清除头部、胸前的杂物和口鼻附近的灰土，移开身边较大的杂物，以免再次被砸伤或因灰尘而窒息；闻到煤气、毒气时，用湿衣服等物捂住口、鼻和头部，然后找机会发出求救信号来获得救援。

3.3.2.2 保持存身空间

避开身体上方不结实的倒塌物和其他容易掉落的物体，扩大和稳定生存空间，保持足够的空气。用砖块、木棍等支撑残垣断壁，以防余震发生后环境进一步恶化。朝向有光亮、更安全宽敞的地方移动，但是千万不要使用明火（以防有易燃气体），尽量避免不安全因素。

3.3.2.3 保持体力

如果找不到脱离险境的通道，要尽量保存体力，可用石块敲击能发出声响的物体，向外发出呼救信号。不要哭喊、急躁、盲目行动，这样会消耗大量精力和体力。尽可能控制自己的情绪或闭目休息，等待救援人员到来。

3.3.2.4 维持生命

如果被埋在废墟下的时间比较长，救援人员未到或者没有听到呼救信号，就要想办法维持自己的生命。水和食品一定要节约，尽量寻找食品和饮用水，必要时自己的尿液也能起到解渴作用。如果受伤，要想办法包扎，避免流血过多。尽量延长生存时间，等待获救。

小贴士

报纸可以用于包裹身体或夹在衣服里保暖；保鲜膜可用来固定夹板；塑料袋包裹住鞋，可以防水防潮；再在鞋底绑上一块硬板，还可以保护双脚，在瓦砾或碎玻璃上行走时不会受伤。

3.3.2.5 发出求救信号

①言语残疾人可以采用吹哨子，猛击面盆、饭盒、茶缸以及身边可发出声响的坚硬物品等方式，向外界发出求救信号。

②可以用手电筒、镜子反射光等方法，向外界发出求救信号。每分钟闪 6 次，然后停顿 1 分钟，不断重复。

小贴士

汶川大地震发生时，身患眼疾、视物困难的马叔正独自一人在院子里休息。地震来袭，庭院周围的房屋瞬间垮塌，马叔不幸被困于废墟中的狭小空间内。被困后，马叔通过双手去感知身边的空间与事物，并使用小石块敲击地面发出求救信号。地震后两小时，在田间干活的儿子及邻居们赶回来搜救，根据马叔发出的声响迅速确定具体位置，并用钢钎将预制板撬起，马叔及时得救。

小贴士

汶川大地震的时候，有一部分幸运的残疾人，随身携带着残联分发的用于紧急求救的微型哨子。这些小小的哨子帮助他们及时向外界发出了响亮的生命救援的呼声，大大增加了他们获救的机会。

针对不同残疾人的建议：

①视力残疾人：视力残疾人可采取阶段性呼叫等方式传递信息，以及时获得救援；如闻到浓烟或刺鼻气味，应当趴在地上，用湿毛巾捂住口鼻，以免吸入有害气体。一时找不到湿毛巾的，可用浸湿的衣物代替。切记要节省力气，不要盲目呼救，注意外边动静，伺机呼救；也可用敲击的方式传递求援信息。尽量寻找水和食物，创造生存条件，耐心等候救援。

②听力残疾人/言语残疾人：听力残疾人可以敲击建筑物体求救，有条件的也可使用短信报警号码12110，发送求救信号。言语残疾人可采用提前准备的字幕警示、彩色警示灯等**特殊报警器**以及使用警报哨子等方式向外界求救，以**及时获得救援**。

案例分享：听力、言语双重残疾人被困60小时获救

2010年4月14日，青海省民兵抢险应急分队的救援人员在一栋倒塌的大楼内展开地毯式搜救时，一楼角落里突然传来异常的声音。救援人员判断，此处肯定还有生还者。救援人员立即朝西南角打开一条1.5米长的通道，看到一名男子被困在水泥预制板下，还有生命体征。经过20多名救援人员持续两个多小时的紧急救援，终于成功将该男子救出。

被救男子马先生是一位听力、言语双重残疾的脆弱人士，获救时处于昏迷状态，经过紧急救治，他脱离了生命危险。对于马先生的获救，现场参与救援的人员都感到惊奇。作为听力、言语双重残疾人士，他听不到声音，也无法喊叫求援，但就在救援队伍到达他被困地附近搜救时，他感知到获救的机会，赶紧在建筑物体上敲打出了顽强的生命音符，最终成功获救。

3.3.3 互救：救助伤者

地震后，人大多被压埋在狭小的空间里，有的甚至丝毫无法动弹，很难获得食物和饮用水；再加上受伤失血、生病、寒冷和黑暗等多种因素，被压者的心理和生理承受能力会随着时间的推移大幅下降。历次地震的震害资料显示，震后第一天为最佳救援时间，被救出的人员存活率高达90%，第二天、第三天存活率为70%—80%，以后随着时间的流逝存活率呈递减趋势，所以救援界一致认为震后72小时为救援最佳时间。

地震发生后，外界救灾队伍不可能立即赶到现场，在这种情况下，灾区群众积极投入互救是减轻人员伤亡最及时、最有效的办法。

在互救中，可以先救"生"，后救"人"。比如，唐山大地震中，有一位农村妇女，为了使更多的人获救，采取了这样的做法：每救一个人，只将其头部露出，使之可以呼吸，然后马上去救别人，最后她一人在很短时间内救出了好几十人。同时，要"先远后进"，先救近处的人，不论是家人、邻居还是萍水相逢的路人，只要近处有人被埋压就要先救他们；相反，舍近求远往往会错过救人良机，造成不应有的损失。

针对有心脏、肾脏等特殊疾病的残疾人，震后应采取的应急措施如下：①拨打救援电话、启动特殊求助方式。如果突然发病，在自身身心条件及外界环境允许的情况下，应立即拨打120急救电话等待救援。②平卧休息，及时服药。在等待救援时，应寻找平坦地域即刻静卧休息，尽量避免不必要的活动，杜绝外来干扰。必要时舌下含服硝酸甘油或速效救心丸等急救药品。

针对肢体残疾人，特别注意需要平卧，并尽量躺在硬板上；搬运时保证其头颅、颈部和躯体处于水平位置，以免造成脊髓损伤；可用衣被、绳索、门板、木棍等组合成简易担架搬运伤员。

针对智力残疾人、精神残疾人，救出时要注意：①蒙上他们的双眼，避免强光刺激；②让他们平卧，且将其头部后仰、偏向一侧，及时清理口腔里的分泌物，防止其呼吸道堵塞；③不可让其突然进食过多，在给他们喝水时，一定要先从少量开始，以免大量饮水造成急性胃扩张，导致严重后果；④避免他们的情绪过于激动，给予必要的心理抚慰。

3.3.4 防止或减轻各类次生伤害

3.3.4.1 面对震后次生火灾

震后次生火灾是在特定的灾害条件下发生的，它要比普通火灾更危险，更难防范，更难控制和扑救。

首先，由于次生火灾不仅突然发生，而且往往在某一区域内多处同时起火，在一定范围内形成复杂的火灾局面。临时匆忙组织扑救本来困难就较大，再加上地震在短时间内造成地形、地貌的巨大变化和建筑物大量倒塌、桥梁普遍损坏、道路严重堵塞，形成了特殊、复杂的火灾现场，在这种灾害现场抢险救火会遭遇不同寻常的困难与挑战。

其次，由于地震对火灾扑救所需设施的破坏，用于救火的水源、照明、通信等设备都可能极为短缺，这更造成了火灾扑救的复杂性与艰巨性，所以震后次生火灾所造成的危害要比普通火灾大得多。

应急措施

①居家室内：应当趴在地上，用湿毛巾捂住口鼻，以免吸入浓烟和有毒气体。一时找不到湿毛巾的，可用浸湿的衣物代替，等待地震停止后再向安全地方转移。如果火势较大、温度很高，可用水浇湿衣服隔热，并匍匐逃离火场，匍匐方向应与火势蔓延方向相反。

②身上起火：万一身上着火了，可就地打滚来压灭火苗。如果身边有水，可用水浇灭或者直接进入水中。

图 3-10　震后次生火灾逃生示意图

3.3.4.2 面对泥石流等震后次生地质灾害

在经历地震之后，地震灾区的地质结构会发生明显改变，此时山体不稳，在暴雨的冲刷下极易诱发次生地质灾害。

应急措施

①震后发现有泥石流迹象，应立即观察地形，向沟谷两侧山坡或高地尽快转移。切记不要躲在有滚石掉落和有大量堆积物的陡峭山坡下面，不要停留在低洼的地方或是向上攀爬寻求躲避。

②行车中遇到山体及建筑物崩塌：因山体及建筑物崩塌造成车流堵塞时，残疾人应听从交通指挥，及时有序向安全区域疏散转移。

3.3.4.3 面对震后次生水灾

地震造成山崩、滑坡或泥石流，使大量岩石、泥土等填入河谷，形成堵塞，截流蓄水。一旦蓄水过多形成堰塞湖或遇强余震时，原有水库堤坝溃决，下游往往将遭受洪灾袭击，有可能造成巨大的生命财产损失。

应急措施

①应及时了解掌握地震灾区上游水库大坝和堰塞湖的预警讯息，得到警报通知后应立即撤离风险区域，尽快向安全地带转移。

②一旦发生水灾，残疾人逃生更需要家人和相关救援人员的帮助，这时应立即向山坡高地、房屋楼顶等高处尽快转移。如果措手不及，已经被大水包围，也不必惊慌，可转移至地势稳定且较高的地带，切记不可攀爬到带电的电线杆、铁塔上，不可触摸或接近电线，以防触电，也不要爬到泥坯房的屋顶上。

③如果附近没有高地和楼房可以躲避，或者是暂时避险的地方已经难以自保，应在他人协助下尽可能利用船只、木板等可漂浮的物体做水上转移，切记不要游泳逃生。

④一旦被洪水包围，应在他人协助下尽快与当地政府防汛部门取得联系。若无通信工具，可制造烟火、用镜子反光、挥动颜色鲜艳的衣物或在听到附近有人时大声呼救，不断向外界发送求救信号，积极寻求救援。

⑤水灾过后，应在他人协助下及时清理过水区域的污泥垃圾，清洗家具、整修厕所、灭蝇灭鼠；保持皮肤清洁干燥，注意手口部卫生，患有皮肤病者及外伤的残疾人应尽量避免下水活动；切忌吃腐烂变质或被污水浸泡过的食物。

图 3-11　震后次生水灾逃生示意图

3.3.4.4 面对震后雷暴天气

雷暴是伴有雷击和闪电的局地强对流性天气，通常伴随着滂沱大雨或冰雹，往往可能造成较多灾害。

以 2010 年青海玉树地震为例。玉树州是雷暴天气高发区，年雷暴日数居青海省首位，其中结古镇年平均雷暴日数 59.1 天，雷暴日数最多的年份达 75 天，属于典型的强雷暴地区，每年雷暴影响日数可多达 189 天。玉树地震灾区临时安置点多，人员集中，过渡安置房多为金属屋面或金属杆支撑，极易遭受雷击，这一案例为震后次生灾害预防提供了经验。

应急措施

①留在室内，或躲入安全的建筑物内。

②应避免使用电话或其他带有插头的电器，包括电脑等。

③切勿接触天线、水龙头、水管、铁丝网或其他类似金属装置。

④切勿站立于山顶或接近导电性高的物体。树木或桅杆容易被闪电击中，应尽量远离。闪电击中物体后，电流会经地面传开，因此不要躺在地上，潮湿地面尤其危险，应该蹲着并尽量减少与地面接触的面积。

⑤切勿在河流、溪涧或低洼地区过多逗留。

⑥乘车或者驾车时，应迅速驶离高速公路或天桥，注意提防强劲阵风吹袭。

图 3-12　震后雷暴天气防护示意图

3.3.4.5 面对震后城市内涝

强降水或连续性降水超过城市排水能力，致使城市内产生积水灾害的现象称为城市内涝。城市内涝易发区域有：城区低洼地区，下凹式立交桥，地下轨道交通，地下商场与车库等地下空间，危旧房与地下室以及在建工地等。

应急措施

①切记不要因留念财物而在屋内过多停留，时刻牢记安全第一，尽快撤离危险地点。

②如果被洪水围困，寻找门板、洗衣盆、衣柜等作为逃生用品，并与外界取得联系；如通信工具无法正常使用，应使用烟火、光照、燃烧衣物等方法让救援人员及时发现被困的具体地点。

3.3.4.6 面对震后次生海啸

海啸是一种灾难性的巨大海浪，具有强大的破坏力，通常由震源在海底 50 千米以内、里氏震级 6.5 以上的海底地震引起。水下及沿岸山崩或火山爆发、宇宙天体的影响也可能引起海啸。在海啸到来前，应当尽快离开海岸，向内陆高处转移；若困于海上，不要喝海水。

应急措施

①在海边、岸边等处：应逃往高处，切忌往低洼处逃生。

②在浅海港湾或者船只上：远离港湾。由于海啸在海港中造成的落差和湍流非常危险，应提醒船主在海啸到来前尽快把船驶

到开阔海面；如果没有时间开出海港，就随其他人员尽快撤离船只，往高处逃生。

③在深海船只上：听到海啸预警后切忌驶回港口，应提醒船主马上驶向深海区，深海区相对于海岸更为安全。

④不慎落水：如果在海啸中不幸落水，要抓紧漂浮物（如树枝、木板之类）保持浮在水面的状态，也可扩大目标，往其他落水者靠拢，因为人群多、目标大，比较容易被发现。注意：不要举手、不要挣扎、不要无谓地消耗体力。

图 3-13   震后次生海啸不慎落水逃生示意图

4

震后恢复

依据《中华人民共和国国民经济和社会发展第十四个五年规划和 2035 年远景目标纲要》《"十四五"残疾人保障和发展规划》及《"十四五"残疾人康复服务实施方案》相关要求，"十四五"时期要进一步加强残疾人康复服务，提升残疾康复服务质量。做好残疾人震后康复服务是实现这一目标、满足残疾人对美好生活向往的重要举措。

本章将基于震后残疾人恢复生产生活所面临的实际困境，在饮食、住宿、卫生、心理援助和康复服务等方面提供相应的应急策略与实用技巧。

4.1 在地震灾后特殊环境中的生活

4.1.1 在家过渡 3 天的物资准备

地震灾后如果居住的房屋没有成为危房，且环境能满足与支持基本的生活需求，应优先选择居家度过震后安置期。

4.1.1.1 准备一个保护生命的地震安全角

专家学者通过对中外历次强震幸存者的观察，发现夹角、缝隙处保护了大量的生命。因此，可以准备两块高强度工程塑料或其他特殊材料组成夹角，在遭遇强烈余震时及时撑开，以便在此避难。

4.1.1.2 至少准备 1 升饮用水

随时更新储备 1 升以上的干净饮用水，最好是方便保存携带的瓶装饮用水。

4.1.1.3 高热量食品

随时储存并更新压缩饼干、能量棒等，以维持身体热量。

4.1.1.4 备灾工具

必备长撬棍、斧头这种重型抗震救灾工具，以及应急小刀。

4.1.1.5 其他备灾用具

手电筒（很重要，黑夜里可以标识自己的位置）、雨披（地震后可能频繁降雨，雨披可以保持身体干燥、防止热量流失）。

4.1.2 在家过渡 3 天的注意事项

4.1.2.1 饮水安全

地震后，公共基础设施可能损毁，尤其是自来水系统可能遭到严重破坏，供水中断，城乡水井井壁坍塌，井管断裂或错开、淤沙，地表水受粪便、污水以及腐烂尸体严重污染，供水面临极大的困难与挑战。这时应饮用提前储备好的干净水。若极端缺水，也可饮用过滤、烧开的河水、塘水、沟水和游泳池水以及雨水。

4.1.2.2 食品卫生

地震后食用的粮食和食品原料应在干燥、通风处保存，避免受到虫、鼠侵害和受潮发霉，必要时进行晒干烘烤处理。霉变程度较轻（发霉率低于30%）的粮食，可采用风扇吹、清水或泥浆水漂浮等方法去除霉变颗粒，然后反复用清水搓洗，或用5%石灰水浸泡24小时，使霉变率降到4%左右再食用。

小贴士：以下食物不可食用

①被水浸泡的食品，除了密封完好的罐头类食品外均不能食用；

②已死亡的畜禽、水产品；

③压在地下已腐烂的蔬菜、水果；

④来源不明、无明确食品标志的食品；

⑤严重霉变（发霉率在30%以上）的大米、小麦、玉米、花生等；

⑥不能辨认的蘑菇及其他霉变食品；

⑦加工后常温下放置4小时以上的熟食等。

4.1.2.3 卫生安全

震后由于厕所、粪池被震坏，下水管道断裂、污水溢出、尸体腐烂，加之卫生防疫管理功能被大大削弱，可能产生大量蚊蝇、病毒等，威胁灾区人民健康。这时应采取一切有效措施大力杀灭蚊蝇，无杀灭条件时则尽可能远离或做好个人卫生防护。

4.1.2.4 住宿安全

地震灾后如果所居住的房屋因损毁成为危房，且环境也不能满足与支持基本的生活需求，应选择其他方式度过震后安置期。

4.1.2.4.1 自行搭建临时住所

在选择搭建临时住所的场地时，要做好前期评估工作，尽可能降低临时住所的安全风险。农村要避开危崖、陡坎、河滩等地，城市要避开高楼群和次生灾害源区，不要建在危楼、烟囱、水塔、高压线附近，也不要建在阻碍交通的道口及公共场所周围，以确保道路畅通。要注意管控好照明灯火、炉火和电源，预留防火通道，以防止火灾和煤气中毒。临时住所顶部不要压砖头、石头或其他重物，以免发生余震时掉落，造成人员伤亡事故。

4.1.2.4.2 露宿

发生地震后，许多房屋不再安全，或者房屋内无法住人，且无条件搭建临时住所，唯有在外露宿。这时应注意：

①注意防风保温：露宿入睡时应尽可能做好防风保暖工作，避免细菌、病毒乘虚而入，引起咽炎、扁桃体炎、气管炎；湿气过重诱发风湿性关节炎、类风湿病；抑或引起恶心、腹痛、腹泻，导致胃肠痉挛、急性肠胃病。

②防范蚊虫叮咬、毒蛇咬伤：蚊虫是许多细菌、病毒的寄主与传播媒介，应高度重视不要被蚊虫叮咬。如被毒蛇咬伤，应立即用绳带在伤口上方缚扎，阻止毒素扩散。在紧急情况下，

可用肥皂水清洗伤口，用口吮吸毒液（边吸边吐，并用清水漱口）。如有蛇药，可按说明外涂或口服。

4.2 向避难场所转移

4.2.1 可选择的避难场所

按照中国地震局震灾应急救援司发布的《地震应急避难场所规划建设与管理——原则与基本要求》，人口密集城市应设置地震应急避难场所。如无法获知地震应急避难场所具体位置，可转移至城市公园、绿地、广场、学校操场、大型露天停车场等空间较大的开阔场所。

案例分享

还是以因患小儿麻痹症而手脚瘫痪的中年人王哥的逃生经验为例。王哥在地震发生时，就势躲在了身后的床底下。地震过后，房屋未发生大面积坍塌，且店面临街而建，因此王哥在未依赖拐杖的情形下依靠自身力量爬出房间逃到街上，并尽可能远离随时可能有高空坠物的建筑。地震发生几个小时后，王哥家人赶到，他们迅速帮助王哥转移至开阔安全的公交调度站停车场内，等待进一步救援。

4.2.2 向避难场所转移原则

应避开潜在余震危险区域，遵循安全、就近、快捷的原则向避难场所转移。

4.2.3 在避难场所的医疗、卫生、饮食等需求

4.2.3.1 医疗

在地震避难场所，如感觉身体不适，应主动寻求医疗服务。

> **小贴士**
>
> 地震避难场所一般会设置临时医疗点及医疗急救车组，每日定时开展医疗巡诊等服务，开展医疗诊治，发放药品，并会为需要特殊帮助的人员提供优先医疗服务。

4.2.3.2 卫生

需要定期对篷宿区、卫生间、沐浴间、垃圾点和宠物饲养区喷洒药物，进行消毒处理。人员密集度高时增加清扫次数，对垃圾点进行定时清理，做到当日垃圾当日清空。

对暴露在外的饮用水源及生活污水定时进行消毒处理。

采取喷洒或放置药物、抓捕工具等方式，控制蚊虫滋生及鼠类活动，重点对厕所和垃圾点等蚊蝇滋生地喷洒药物。

4.2.3.3 饮食

饮用经过煮沸消毒的水，或直接饮用瓶装水；水果、蔬菜类生食食品应洗净或消毒。

4.2.4 做好应急设施维护，配合应急演练，参与应急志愿服务

4.2.4.1 切勿堵塞地震应急避难场所出入口及通道

地震应急避难场所出入口应保持通畅，尤其是封闭式地震应急避难场所，必须保证出入口能随时开启。

地震应急避难场所内主要疏散通道、消防通道应保持畅通，严禁占用或堵塞。

4.2.4.2 积极配合应急宣讲和演练

积极配合地震应急避难场所的疏散安置演练，加深对地震应急避难场所的了解，提高自我疏散能力。

参与应急志愿服务。在自身健康安全的前提下，可及时关注地震应急避难场所专栏、广播、电视、微信公众号等发布的志愿者招募告示、招募信息等，积极参与志愿服务培训、了解工作任务、提供志愿服务等。

4.3 接受心理援助

地震灾害不仅会对生命财产及社会生态环境造成巨大冲击与破坏，也会对灾区民众造成不同程度的心理冲击甚至创伤，处于脆弱处境的残疾人更需要接受心理援助。

4.3.1 接受心理援助原则

尽早尽快寻求专业人士（包括心理咨询师、精神科医生、社会工作者等）进行心理危机干预；听从专业人士治疗方案，可心理治疗与药物治疗相结合，但应以心理治疗为主；充分发挥自身心理康复潜能，通过寻求心理辅导，让自身具备自我心理调节能力与技巧。

4.3.2 震后常见心理危机表现

4.3.2.1 应激阶段——1 个月内

面对突如其来的自然灾害，可能在心理上会产生各种应激反应：情绪波动大，紧张、恐惧、易冲动、自责、伤心、焦躁不安；出现睡眠障碍，如做噩梦或入睡困难；出现惊恐反应，对外界刺激（尤其是与地震相关的信息）的反应过于敏感，出现肌肉紧张、发抖、盗汗、恶心、尿频尿急、心慌胸闷等生理心理反应。这些不良反应通常可以随着时间流逝而自行恢复正常，若想加快心理康复速度，亦可寻求专业人士（心理咨询师、精神科医生、社会工作者等）进行心理危机干预，提高心理康复质量。

4.3.2.2 适应性障碍——1 至 6 个月

适应性障碍是由于明显的生活环境改变或应激事件，主观上产生痛苦和情绪变化，并常伴有社会功能受损的一种状态。病程在 1 个月至 6 个月之间。

适应性障碍表现如下：一是以情绪失调为主的临床表现，

如紧张、担心、烦恼、心神不安、胆小、抑郁、易激惹等；二是常伴有生理功能障碍，如头痛、腹部不适、失眠、食欲不振、便秘或腹泻等；三是社会功能受损，表现为人际关系不良、沉默寡言、不讲卫生、生活无规律、不能正常学习和工作，儿童可能有退行现象，青少年可能有攻击行为。

4.3.2.3 创伤后应激障碍（PTSD）——1 个月至 1 年

创伤后应激障碍指经历异乎寻常的威胁性、灾难性应激事件或情境后延迟出现的长期存在的精神障碍。PTSD 潜伏期常在几日至半年不等，病程 1 个月至 1 年左右。

PTSD 表现如下：一是无法控制地回想创伤体验；二是回避与地震有关的刺激，或情感麻木；三是警觉性增高，易受惊吓、易激惹、易怒，难以入睡或易醒；四是躯体症状，如腰背痛、头痛；五是社会功能受损，人际关系不良，职业功能下降。

4.4 做好康复服务

残疾人震后康复服务，是指通过充分发挥残疾人的残存功能和潜在能力，在医学、心理、社会工作和其他社会资源的协调作用下，合理选择机构和社区康复服务，使残疾人在身体、精神和行为上获得最大程度的改善或恢复。它包括专业的机构化康复服务和参与式的社区康复服务两大类别。

4.4.1 专业的机构化康复服务

它将从残疾人的震后康复需求出发，在康复机构中提供人性化、专业化、规范化的康复服务，具体内容包括：

①组织医护人员为残疾人提供健康教育、感染控制及医疗评估服务；

②鼓励残疾人积极参与机构内部由物理治疗服务团队提供的非药物的物理疗法和运动疗法，治疗因地震灾害造成的伤害和手术后的功能障碍；

③鼓励残疾人积极参与由心理咨询师、精神科医生、社会工作者等服务力量开展的心理评估和干预，降低心理创伤、恢复心理功能；

④通过社会工作者链接社会资源、开展专业服务，协助地震灾害后面临生活适应困难的残疾人解决基本生活问题；

⑤积极为失去居住房屋的残疾人及其家属提供暂宿服务。

图 4-1　康复机构服务内容的组成

4.4.2 参与式的社区康复服务

它通过鼓励残疾人参加由社区、社会组织等社会力量开展的社会服务，从个人、家庭、社区三个层面重塑残疾人社会支持网络，具体工作方法如下：

①以残疾人个体为服务对象，帮助残疾人建立康复自信，树立积极的康复观念，让残疾人感受社会的温暖，放下心里的负担和抵触心理，以更加平和的心态融入社会；

②以残疾人家庭为中心、以提升家庭抗逆力为目标开展系列活动，让残疾人及其家属共同感受家庭温暖，重塑、强化残疾人家庭支持网络；

③以残疾人所在社区为服务场域，鼓励残疾人参与互帮互助小组，加强残疾人之间的互动与合作，挖掘各自的资源，发挥各自的优势，形成具有认同感和凝聚力的社区支持网络。

参考资料

[1]联合国国际减灾战略署（UNISDR）2013年统计数据.

[2]中华人民共和国地震局.中国地震烈度区划图.1990.

[3]中国残疾人联合会等.残疾人残疾分类和分级（GB/T 26341-2010）.

[4]中华人民共和国中央人民政府.中华人民共和国国民经济和社会发展第十四个五年规划和2035年远景目标纲要.2021.

[5]中华人民共和国国务院."十四五"残疾人保障和发展规划（国发〔2021〕10号）.

[6]中国残疾人联合会、教育部、民政部、人力资源社会保障部、国家卫生健康委、国家医疗保障局."十四五"残疾人康复服务实施方案.2021.

[7]中华人民共和国住房和城乡建设部.建筑抗震鉴定标准（GB50023-2009）.

[8]中华人民共和国地震局.地震应急避难场所场址及配套设施（GB21734-2008）.

[9]中华人民共和国地震局.地震应急避难场所规划建设与管理——原则与基本要求.2012.

[10]中华人民共和国公安部.关于修改《机动车驾驶证申领和使用规定》的决定（公安部令第123号令）.2016.

[11]中华人民共和国全国人民代表大会常务委员会.中华

人民共和国防震减灾法 .2008.

[12] 中国大百科全书总编辑委员会 . 中国大百科全书 [M].
北京：中国大百科全书出版社，1985.

[13] 谢礼立 . 汶川地震的教训 [J]. 南京工业大学学报（自
然科学版），2009.

[14] 谢晶仁 . 日本大地震的经验教训及对我国的启示 [J].
中国应急救援，2011.

[15] 欧羡雪 . 灾害康复社会工作 [M]. 北京：社会科学文献
出版社，2013.

[16] 厉才茂，张梦欣，李耘，杨亚亚 . 疫情之下对残疾人
保护的实践与思考 [J]. 残疾人研究，2020.

[17] 绵竹青红社工服务中心 . 抗震救灾十周年文集 .2019.

[18] 乔迎春主编；刘晨主审 . 地震应急自救手册 [M]. 西安：
西安电子科技大学出版社，2013.

[19] 福建地震灾害预防中心编 . 农村地震安全手册 [M]. 福
州：福建科学技术出版社，2009.

[20] 国家减灾委员会办公室编 . 避灾自救手册 · 地震 [M].
北京：中国社会出版社，2014.

[21] 国家减灾委员会办公室编 . 地震灾害急救援手册 [M].
北京：中国社会出版社，2010.

[22] 了解地震和保护措施：残障人士指南 [DB/OL].https://
www.oasp.gr/sites/default/files/Egxeiridio_AmeA1.pdf

[23] 地震安全须知（全州版）[DB/OL].https://www.earth
quakecountry.org/

[24] 郭伟主编，王建华，罗振宇，杨继荣副主编 . 汶川特
大地震应急管理研究 [M]. 成都：四川人民出版社，2009.

附 录

1. 防灾安全卡

（1）信息卡：姓名、性别、年龄、残疾状况、联系电话、紧急联系人姓名、紧急联系人电话、家庭住址等。

（2）个人证件包：身份证、社保卡、残疾人证等。

（3）照料信息卡：饮食习惯、生活习惯（自理能力、居家生活习惯等）、病史（什么病、常去诊治医院、吃什么药、在哪能补充药品、药物过敏情况等）。

2. 公众常用非紧急求助方式一览表

非紧急救助方式指除了 110、120、119、122 等常规突发紧急救助方式外的求助途径，主要用于非突发性、紧急性的人身安全、财产损失、情感伤害等情况的求助。该方式有明确的针对性，处理时效会根据具体情况有所不同，通常无法使用一种途径彻底解决问题，需要多种途径配合。建议在拨打非紧急热线电话前，将要问的问题列个提纲，以便于提问和记录，还可节省电话资费。

（1）全国政务服务便民热线12345

一般指各地市人民政府设立的由电话12345、市长信箱、手机短信、手机客户端、微博、微信等方式组成的专门受理热线事项的公共服务平台，提供"7×24小时"全天候人工服务。

（2）相关非紧急服务热线（部分与12345双号并行）

全国统一公共卫生公益服务电话：12320（主办单位：国家卫生健康委）

全国公共法律服务专用电话：12348（主办单位：司法部）

全国残疾人维权服务热线：12385（主办单位：中国残联）

妇女维权公益服务热线：12338（主办单位：全国妇联）

青少年维权和心理咨询服务热线：12355（主办单位：共青团中央）

（3）中国红十字会服务热线：010-85594999

网址：https://www.redcross.org.cn

中国红十字会是中华人民共和国统一的红十字组织，是从事人道主义工作的社会救助团体，是国际红十字运动的重要成员。中国红十字会以保护人的生命和健康、维护人的尊严、发扬人道主义精神、促进和平进步事业为宗旨。

（4）中国志愿服务求助中心

网址：https://www.chinavolunteer.cn/app/help/list.php

中国志愿服务网下的网络求助功能，任何人都可以发布求助信息，无需登录。团体可以在此选择就近的求助，确认后发布项目进行帮助。

（5）儿童紧急救助热线：400-006-9958

9958救助中心隶属于中华少年儿童慈善救助基金会，整合"资讯信息服务、筹资渠道服务、救助执行服务"三大功能，服务0—18岁的困境儿童群体。其设立的求助、志愿者加入及捐赠热线400-006-9958被誉为民间儿童医疗救助的"120"。

（6）蓝天救援电话：400-600-9958

网址：http://bsr.net.cn

微信公众号：bsrbsrt（BSR蓝天救援队）

蓝天救援队是中国民间专业、独立的纯公益紧急救援机构，工作范围涵盖山野救援、城市救援、水域救援、自然灾害救援、安全生产事故救援、意外事故救援和防减灾培训、大型群众性活动的保障等各领域。

（7）自主补充

为方便残疾人的生活所需，可将残疾人所生活的社区周边非紧急求助方式进行补充。

当地市政服务热线：_____

所在（村）社区居委会：_____

当地残联服务热线：_____

当地应急管理部门电话：_____

3. 地震震级

震级指地震的大小，是表征地震强弱的量度，以地震仪测定的每次地震活动释放的能量多少来确定，通常用字母M表示。我国目前使用的震级标准是国际通用的里氏分级，共9个等级。通常把小于2.5级的地震叫小地震，2.5—4.7级地震叫有感地震，大于4.7级的地震称为破坏性地震。震级每相差1.0级，能量相差大约32倍；每相差2.0级，能量相差约1000倍。比如说，6级地震释放的能量相当于广岛原子弹爆炸所产生的能量。一个7级地震约相当于33个6级地震，或1000个5级地震。

4. 地震烈度

地震烈度用来衡量地震的破坏程度，影响烈度的因素有震级、震源深度、距震源远近、地面状况和地层构造等。世界各国使用的烈度表有所差异，中国在1980年重新编订了地震烈度表，分为12度，列表如下：

Ⅰ度：无感——仅仪器能记录到。

Ⅱ度：微有感——个别敏感的人在完全静止中有感。

Ⅲ度：少有感——室内少数人在静止中有感，悬挂物轻微摆动。

Ⅳ度：多有感——室内大多数人、室外少数人有感，悬挂物摆动，不稳器皿作响。

Ⅴ度：惊醒——室外大多数人有感，家畜不宁，门窗作响，墙壁表面出现裂纹。

Ⅵ度：惊慌——人站立不稳，家畜外逃，器皿翻落，简陋棚舍损坏，陡坎滑坡。

Ⅶ度：房屋损坏——房屋轻微损坏，牌坊、烟囱损坏，地表出现裂缝及喷沙冒水。

Ⅷ度：建筑物破坏——房屋多有损坏，少数破坏路基、塌方，地下管道破裂。

Ⅸ度：建筑物普遍破坏——房屋大多数破坏，少数倾倒，牌坊、烟囱等崩塌，铁轨弯曲。

Ⅹ度：建筑物普遍摧毁——房屋倾倒，道路毁坏，山石大量崩塌，水面大浪扑岸。

Ⅺ度：毁灭——房屋大量倒塌，路基堤岸大段崩毁，地表产生很大变化。

Ⅻ度：山川易景——一切建筑物普遍毁坏，地形剧烈变化，动植物遭毁灭。

5. 地震波

地震发生时，地下岩层断裂错位释放出巨大的能量，激发出一种向四周传播的弹性波，这就是地震波。地震波分为体波和面波。体波可以在三维空间中向任何方向传播，又可分为纵波和横波。

引起地面上下颠动的是纵波，传播速度较快，一般为每秒5—

6千米，并且衰减也快。所以离震中越近，地面上下颠动越厉害。引起地面水平晃动的叫横波，传播速度较慢，一般为每秒3—4千米，消减也慢，传播得远。一般情况下，地震时总是先上下颠动后左右晃动，存在一个时间间隔，人们可以根据时间舱段来粗略估计震中的远近。

　　当体波到达岩层界面或地表时，会产生沿界面或地表传播的幅度很大的波，称为面波。面波传播速度小于横波，所以跟在横波的后面。